智能网联技术

宋智军　秦文虎　钱嵊山 ◎编著

U0227748

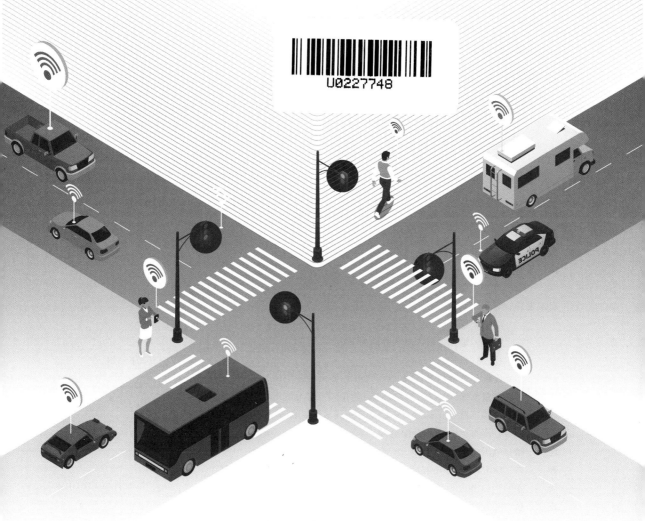

清华大学出版社

北京

内 容 简 介

本书全面介绍智能网联技术的关键知识点,并通过虚拟仿真平台对智能网联的关键知识点进行深入讲解与仿真实现。全书共10章,第1、2章简要介绍智能网联的发展历程、定义、生态、应用场景、技术架构及相关的关键技术;第3~9章详细介绍智能网联的关键技术,包括环境感知、高精度定位与高精度地图、智能决策、协同控制、信息交互、云控平台、车路协同、测试与评价等;第10章介绍本书实验所需的智能网联仿真平台的开发方法,从平台架构、平台数据结构定义、环境搭建、开发指导、仿真实现等方面为读者提供开发指南。

本书适合作为高等院校计算机科学与技术、软件工程、智能网联专业高年级本科生、研究生的教材,也可供对智能网联技术比较熟悉并且对自动驾驶及智能交通有所了解的开发人员、广大科技工作者和研究人员参考。

图书在版编目(CIP)数据

智能网联技术/宋智军,秦文虎,钱嵊山编著. —北京:清华大学出版社,2023.9
ISBN 978-7-302-63977-0

Ⅰ.①智… Ⅱ.①宋… ②秦… ③钱… Ⅲ.①智能通信网 Ⅳ.①TN915.5

中国国家版本馆 CIP 数据核字(2023)第 116988 号

责任编辑:白立军　战晓雷
封面设计:刘　乾
责任校对:郝美丽
责任印制:刘海龙

出版发行:清华大学出版社
　　　　　网　　　址:http://www.tup.com.cn,http://www.wqbook.com
　　　　　地　　　址:北京清华大学学研大厦 A 座　　　　　邮　　编:100084
　　　　　社 总 机:010-83470000　　　　　邮　　购:010-62786544
　　　　　投稿与读者服务:010-62776969,c-service@tup.tsinghua.edu.cn
　　　　　质量反馈:010-62772015,zhiliang@tup.tsinghua.edu.cn
　　　　　课件下载:http://www.tup.com.cn,010-83470236
印 装 者:三河市铭诚印务有限公司
经　　销:全国新华书店
开　　本:185mm×260mm　　　　印　　张:12　　　　字　　数:278 千字
版　　次:2023 年 9 月第 1 版　　　　　　　　　　印　　次:2023 年 9 月第 1 次印刷
定　　价:59.00 元

产品编号:094032-01

FOREWORD

前言

随着电子、通信、物联网、人工智能、大数据和云服务等技术的发展以及全球数字经济的驱动,各国都在努力推进数字经济,即数字产业化和产业数字化,从而也加快了数字经济与实体经济深度融合的速度。智能网联便是数字经济与传统产业生态深度融合的产物,同时也推动了一系列新产品、新业态、新模式的应用。例如,在出行优化方面,将智能网联技术应用于城市交通拥堵治理、交通安全事故预防预警、智慧停车等应用场景,可以提升交通出行安全、效率和智能化水平;在传统运营方面,利用智能网联技术实现自动驾驶出租车、无人物流配送车、无人接驳车等高级别的自动驾驶的智能网联汽车应用场景解决方案,可以提升运营效率;在公共服务方面,利用智能网联技术实现自动巡逻、景区观光导引、环卫清洁等应用场景,可以提升公共服务与综合管理水平。

智能网联汽车作为汽车领域探索智能网联新模式、新理念、多业态创新融合的典型应用场景,已成为实现自动驾驶的新思路,也是智能网联技术应用的重要载体和最佳实践场景。本书重点对智能网联技术的环境感知、高精度定位、高精度地图、智能决策、协同控制、信息交互、云控平台、车路协同、测试与评价、仿真平台开发等知识点进行深入讲解,并且提供理论与实践相结合的实验,能够有效增强学习者的实践能力与操作能力。本书的组织结构如下:

第1章介绍智能网联的发展历程、演进模式、分级标准、内涵、生态及应用场景,并给出先进驾驶辅助系统的仿真实现。

第2章从全局视角讲解智能网联的技术架构及相关的关键技术,包括车辆关键技术、信息交互关键技术、基础支撑关键技术、车载平台和基础设施,并给出协同驾驶场景供学习者仿真实现。

第3章介绍环境感知技术,重点讲解定位传感技术、雷达传感技术、听觉传感技术、视觉传感技术和姿态传感技术,并给出多模态感知系统实验和相应的仿真实现。

第4章针对智能网联的高精度定位和高精度地图进行详细讲解,并给出面向复杂场景的融合方案,实验部分是通过使用高精度地图编辑器绘制高精度地图,从而使学习者加深对相关知识点的理解。

第 5 章介绍协同感知、融合预测、规划决策、协同控制的相关知识,使学习者理解和掌握智能网联车辆是如何实现智能决策和协同控制的,并给出基于协同感知的车辆预警场景以供实践。

第 6 章讲解信息交互涉及的无线通信技术、大数据技术、人工智能技术、人机交互技术、云平台技术和信息安全技术,并通过交通安全互动体验的实验使学习者加深对信息交互关键技术的理解。

第 7 章给出云控平台架构、涉及的关键技术、平台能力和应用场景,并通过大规模的交通流仿真实现交通流优化控制策略。

第 8 章介绍车路协同的概念、发展阶段、体系架构、路侧智能设备、车载终端、通信网络和应用探索,并提供车路协同的场站路径引导服务、协作式车辆编队管理、弱势群体安全通行、交叉路口协作式通行、匝道协作式通行 5 个场景,供学习者仿真实现。

第 9 章介绍智能网联技术相关的测试与评价方法,包括测试场景、测试方法、测试流程和评价体系,并通过安全文明驾驶场景和危险驾驶场景使学习者了解如何设计测试与评价体系。

第 10 章提供智能网联仿真平台开发指南,从平台架构、平台数据结构定义、环境搭建、开发指导几方面使学习者可以快速上手搭建智能网联仿真平台,并给出驾驶行为评估实验供学习者在平台上仿真实现。

如果学习者希望对每章的实验内容进行实践操作,可先掌握第 10 章的相关内容,再从第 1 章开始阅读。如果第 10 章的实验内容能顺利实践完成,就说明自己已经具备了其他各章实验的实践操作能力。如果学习者希望掌握与智能网联相关的知识内容,则按本书各章的顺序阅读即可。本书的配套资源可从清华大学出版社官网下载。

本书由宋智军、秦文虎、钱嵊山编著,龙岩学院副教授余少勇博士编写了部分章节。感谢原一体化指挥调度技术国家工程实验室主任夏耘、公安部交通管理科学研究所研究员潘汉中、东南大学硕士生导师黄凯博士、江苏第二师范学院教授朱辉生、华录易云科技有限公司总工程师郑培余、多伦科技股份有限公司董事长章安强、上海晶众信息科技有限公司董事长庄斌、江苏科创车联网产业研究院院长刘干、南京景曜智能科技有限公司董事长黄怡、湖南北云科技有限公司董事长向为、智器云南京信息科技有限公司董事长王海波、江苏安防科技有限公司总经理金善朝、清华大学苏州汽车研究院戴一凡博士、南京大学人工智能学院詹德川教授、东南大学仪器科学与工程学院潘树国教授、深圳市镭神智能系统有限公司董事长胡小波等给予作者的指导和支持,同时感谢清华大学出版社为本书的选题策划、编辑加工和出版发行付出的辛勤劳动。

宋智军

2023 年 5 月

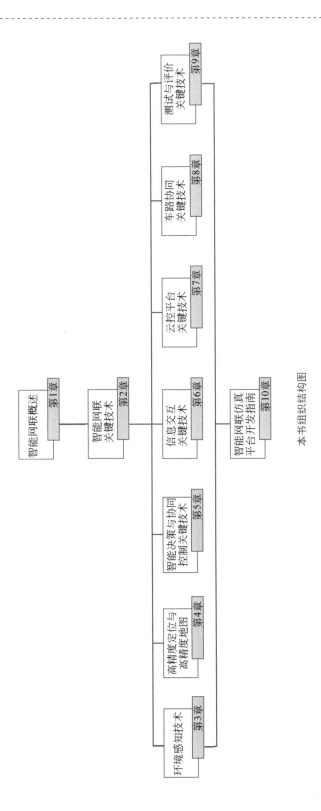

本书组织结构图

CONTENTS

目录

第1章　智能网联概述 ……………………………………………… 1

1.1　发展历程 ……………………………………………… 1
1.1.1　智能化 ………………………………………… 1
1.1.2　网联化 ………………………………………… 3
1.2　演进模式 ……………………………………………… 6
1.3　分级标准 ……………………………………………… 7
1.3.1　智能化分级标准 ………………………………… 7
1.3.2　网联化分级标准 ………………………………… 9
1.4　内涵及生态 ……………………………………………… 12
1.4.1　概念内涵 ………………………………………… 12
1.4.2　产业生态 ………………………………………… 12
1.5　应用场景 ……………………………………………… 14
1.5.1　交通安全类 ……………………………………… 14
1.5.2　交通效率类 ……………………………………… 15
1.5.3　信息服务类 ……………………………………… 16
1.6　实践与练习 ……………………………………………… 17
1.6.1　先进驾驶辅助系统 ……………………………… 17
1.6.2　场景设计 ………………………………………… 18
1.6.3　仿真实现 ………………………………………… 22

第2章　智能网联关键技术 ………………………………………… 24

2.1　关键技术架构 ……………………………………………… 24
2.2　车辆关键技术 ……………………………………………… 25
2.3　信息交互关键技术 …………………………………………… 26
2.4　基础支撑关键技术 …………………………………………… 27
2.5　车载平台 ……………………………………………… 28
2.6　基础设施 ……………………………………………… 30

2.7 实践与练习 ··· 30
  2.7.1 协同驾驶 ··· 30
  2.7.2 仿真实现 ··· 32

第3章 环境感知技术 ··· 36

3.1 定位传感技术 ·· 36
  3.1.1 卫星导航 ··· 36
  3.1.2 惯性导航 ··· 38
  3.1.3 环境特征匹配 ··· 39
3.2 雷达传感技术 ·· 40
  3.2.1 超声波雷达 ·· 40
  3.2.2 毫米波雷达 ·· 41
  3.2.3 激光雷达 ··· 42
3.3 听觉传感技术 ·· 43
  3.3.1 自动语音识别 ··· 44
  3.3.2 自然语言理解 ··· 45
  3.3.3 语音合成 ··· 46
3.4 视觉传感技术 ·· 46
  3.4.1 视觉定位 ··· 47
  3.4.2 目标识别 ··· 48
  3.4.3 目标跟踪 ··· 49
  3.4.4 目标测距 ··· 50
3.5 姿态传感技术 ·· 52
3.6 实践与练习 ··· 55
  3.6.1 多模态感知系统 ······································ 55
  3.6.2 仿真实现 ··· 56

第4章 高精度定位与高精度地图 ······························· 59

4.1 高精度定位技术 ·· 59
  4.1.1 差分定位技术 ··· 59
  4.1.2 精密单点定位技术 ···································· 60
  4.1.3 PPP-RTK 技术 ·· 61
4.2 高精度地图 ··· 62
  4.2.1 基本特征 ··· 62
  4.2.2 构成要素 ··· 63
  4.2.3 制作和更新 ·· 66
  4.2.4 高精度地图的作用 ···································· 68
4.3 面向复杂场景的融合方案 ·································· 70

　　　4.3.1　视觉/雷达传感受限场景 ·· 70

　　　4.3.2　卫星定位受限场景 ·· 71

　4.4　实践与练习 ··· 72

　　　4.4.1　绘制高精度地图 ·· 72

　　　4.4.2　实现过程 ·· 72

第5章　智能决策与协同控制关键技术 ·· 76

　5.1　协同感知 ··· 76

　5.2　融合预测 ··· 77

　　　5.2.1　轨迹预测 ·· 77

　　　5.2.2　交通状态预测 ·· 80

　5.3　规划决策 ··· 81

　　　5.3.1　全局规划 ·· 81

　　　5.3.2　局部规划 ·· 82

　5.4　协同控制 ··· 82

　　　5.4.1　车辆运动控制技术 ·· 82

　　　5.4.2　车-车协同控制技术 ··· 84

　　　5.4.3　车-路协同控制技术 ··· 85

　5.5　实践与练习 ··· 87

　　　5.5.1　基于协同感知的车辆预警 ·· 87

　　　5.5.2　仿真实现 ·· 88

第6章　信息交互关键技术 ·· 89

　6.1　无线通信技术 ··· 89

　　　6.1.1　DSRC 技术 ·· 89

　　　6.1.2　C-V2X 技术 ··· 90

　6.2　大数据技术 ··· 92

　　　6.2.1　大数据采集与预处理 ·· 92

　　　6.2.2　大数据存储与管理 ·· 93

　　　6.2.3　大数据分析与挖掘 ·· 94

　　　6.2.4　大数据展现与应用 ·· 95

　6.3　人工智能技术 ··· 95

　6.4　人机交互技术 ··· 97

　　　6.4.1　基本原理 ·· 97

　　　6.4.2　交互设计 ·· 98

　6.5　云平台技术 ··· 98

　6.6　信息安全技术 ·· 100

　　　6.6.1　终端信息安全 ··· 100

      6.6.2　云平台信息安全 ··· 100

      6.6.3　网络传输安全 ··· 101

      6.6.4　数据信息安全 ··· 101

  6.7　练习与实践 ··· 102

      6.7.1　交通安全互动体验舱 ··· 102

      6.7.2　设计实现 ·· 103

第 7 章　云控平台关键技术 ··· 105

  7.1　云控平台定义 ··· 105

  7.2　云控平台架构 ··· 106

      7.2.1　中心云 ··· 106

      7.2.2　区域云 ··· 107

      7.2.3　边缘云 ··· 108

  7.3　云控平台关键技术 ·· 108

      7.3.1　边缘云架构技术 ·· 109

      7.3.2　动态资源调度技术 ··· 109

      7.3.3　感知与时空定位技术 ·· 109

      7.3.4　云网一体化技术 ·· 110

  7.4　云控平台能力 ··· 110

  7.5　云控平台应用 ··· 111

      7.5.1　智能网联驾驶服务 ··· 111

      7.5.2　智能交通应用 ·· 112

  7.6　实践与练习 ··· 112

      7.6.1　交通流优化控制策略 ·· 112

      7.6.2　仿真实现 ·· 113

第 8 章　车路协同关键技术 ··· 114

  8.1　概念与内涵 ··· 114

  8.2　发展阶段 ··· 115

  8.3　体系架构 ··· 116

  8.4　路侧智能设备 ··· 117

  8.5　车载终端 ··· 118

  8.6　通信网络 ··· 118

  8.7　应用探索 ··· 119

      8.7.1　基础应用场景 ·· 119

      8.7.2　增强应用场景 ·· 120

  8.8　实践与练习 ··· 121

      8.8.1　场站路径引导服务 ··· 121

8.8.2　协作式车辆编队管理 ⋯⋯⋯⋯⋯⋯⋯⋯⋯⋯ 121

8.8.3　弱势群体安全通行 ⋯⋯⋯⋯⋯⋯⋯⋯⋯⋯⋯ 122

8.8.4　交叉路口协作式通行 ⋯⋯⋯⋯⋯⋯⋯⋯⋯⋯ 122

8.8.5　匝道协作式通行 ⋯⋯⋯⋯⋯⋯⋯⋯⋯⋯⋯⋯ 123

第9章　测试与评价关键技术 ⋯⋯⋯⋯⋯⋯⋯⋯⋯⋯⋯⋯⋯ 124

9.1　测试场景 ⋯⋯⋯⋯⋯⋯⋯⋯⋯⋯⋯⋯⋯⋯⋯⋯⋯ 124

9.1.1　场景要素 ⋯⋯⋯⋯⋯⋯⋯⋯⋯⋯⋯⋯⋯⋯⋯ 124

9.1.2　场景构建 ⋯⋯⋯⋯⋯⋯⋯⋯⋯⋯⋯⋯⋯⋯⋯ 125

9.2　测试方法 ⋯⋯⋯⋯⋯⋯⋯⋯⋯⋯⋯⋯⋯⋯⋯⋯⋯ 126

9.2.1　仿真测试 ⋯⋯⋯⋯⋯⋯⋯⋯⋯⋯⋯⋯⋯⋯⋯ 126

9.2.2　场地测试 ⋯⋯⋯⋯⋯⋯⋯⋯⋯⋯⋯⋯⋯⋯⋯ 127

9.2.3　实际道路测试 ⋯⋯⋯⋯⋯⋯⋯⋯⋯⋯⋯⋯⋯ 129

9.3　测试流程 ⋯⋯⋯⋯⋯⋯⋯⋯⋯⋯⋯⋯⋯⋯⋯⋯⋯ 130

9.4　评价体系 ⋯⋯⋯⋯⋯⋯⋯⋯⋯⋯⋯⋯⋯⋯⋯⋯⋯ 131

9.4.1　安全 ⋯⋯⋯⋯⋯⋯⋯⋯⋯⋯⋯⋯⋯⋯⋯⋯⋯ 131

9.4.2　体验 ⋯⋯⋯⋯⋯⋯⋯⋯⋯⋯⋯⋯⋯⋯⋯⋯⋯ 132

9.4.3　配置 ⋯⋯⋯⋯⋯⋯⋯⋯⋯⋯⋯⋯⋯⋯⋯⋯⋯ 133

9.5　实践与练习 ⋯⋯⋯⋯⋯⋯⋯⋯⋯⋯⋯⋯⋯⋯⋯⋯ 133

9.5.1　安全文明驾驶场景——礼让校车 ⋯⋯⋯⋯⋯ 134

9.5.2　安全文明驾驶场景——并道礼让 ⋯⋯⋯⋯⋯ 134

9.5.3　危险驾驶场景——醉酒驾驶 ⋯⋯⋯⋯⋯⋯⋯ 135

9.5.4　危险驾驶场景——旁车制动 ⋯⋯⋯⋯⋯⋯⋯ 136

9.5.5　危险驾驶场景——三车关联事故 ⋯⋯⋯⋯⋯ 138

9.5.6　交通安全场景——远近光灯 ⋯⋯⋯⋯⋯⋯⋯ 139

第10章　智能网联仿真平台开发指南 ⋯⋯⋯⋯⋯⋯⋯⋯⋯ 142

10.1　平台简介 ⋯⋯⋯⋯⋯⋯⋯⋯⋯⋯⋯⋯⋯⋯⋯⋯ 142

10.2　平台架构 ⋯⋯⋯⋯⋯⋯⋯⋯⋯⋯⋯⋯⋯⋯⋯⋯ 145

10.3　平台数据结构定义 ⋯⋯⋯⋯⋯⋯⋯⋯⋯⋯⋯⋯ 148

10.3.1　本车数据协议 ⋯⋯⋯⋯⋯⋯⋯⋯⋯⋯⋯⋯ 148

10.3.2　环境动态数据 ⋯⋯⋯⋯⋯⋯⋯⋯⋯⋯⋯⋯ 149

10.3.3　路测数据 ⋯⋯⋯⋯⋯⋯⋯⋯⋯⋯⋯⋯⋯⋯ 150

10.3.4　车辆控制协议 ⋯⋯⋯⋯⋯⋯⋯⋯⋯⋯⋯⋯ 152

10.3.5　循迹行驶路径点协议 ⋯⋯⋯⋯⋯⋯⋯⋯⋯ 152

10.3.6　车速控制指令 ⋯⋯⋯⋯⋯⋯⋯⋯⋯⋯⋯⋯ 152

10.3.7　驾驶行为评估协议 ⋯⋯⋯⋯⋯⋯⋯⋯⋯⋯ 153

10.4　环境搭建 ⋯⋯⋯⋯⋯⋯⋯⋯⋯⋯⋯⋯⋯⋯⋯⋯ 154

10.4.1 运行环境搭建 ·················· 154

10.4.2 开发环境搭建 ·················· 155

10.5 开发指导 ····························· 158

10.5.1 高精度地图 ·················· 158

10.5.2 本车状态数据 ················ 166

10.5.3 车辆控制 ···················· 168

10.6 实践与练习 ··························· 171

10.6.1 驾驶行为评估 ················ 171

10.6.2 仿真实现 ···················· 172

附录 A 重要术语 ·························· 175

附录 B 重要缩略语 ························ 177

参考文献 ································ 178

第
1
章

智能网联概述

◇ 1.1 发 展 历 程

智能网联从发展历程来看,经历了以车为核心的智能化逐步演进为以交通参与要素"人-车-路-云"为核心的网联化的过程。

1.1.1 智能化

对智能化的探索研究最早可追溯到 1984 年美国国防部高级研究计划局 (Defense Advanced Research Projects Agency,DARPA) 与陆军合作,发起 ALV(Automated Land Vehicle,自主式地面车辆)计划项目。当时的技术实现路径是在车辆上装配中大型计算机、摄像机、激光雷达作为计算和感知设备,实现了在不依靠人工干预的前提下以 4.8km/h 的速度行驶 0.96km。该项目由于受到很多关键技术的限制,研制工作进展十分缓慢,后续计划也随之搁置。

1986 年,由美国卡内基梅隆大学计算机科学学院下属机器人学院的研究团队 Navlab 研发了自动驾驶车 Navlab 1,该车使用的是雪佛兰厢式货车,车上装有 5 个货架的计算机硬件、3 个工作站和 1 台 WARP 超级计算机,并配备了视频硬件和 GPS。Navlab 1 用于图像处理、传感信息融合、路径规划及控制,当时最高时速达到了 32km/h。

1998 年,意大利帕尔玛大学 VisLab 实验室在 EUREKA(European Research Coordination Agency,欧洲研究协调局)资助下完成了 ARGO 试验车的研制,利用立体视觉系统和计算机制定的导航路线进行了 2000km 的长距离实验,其中 94% 的路程使用自主驾驶技术,平均时速为 90km/h,最高时速为 123km/h。

2004—2007 年,美国国防部高级研究计划局举办了 3 届自动驾驶挑战赛,即 Grand Challenge,比赛规则要求参赛的智能车只能依靠 GPS 引导行驶,依靠传感器或摄像头进行环境感知,通过 230km 长的纯天然沙漠地带,从而考验无人驾驶在恶劣和复杂环境下的能力。第一届 DARPA 挑战赛在美国莫哈韦沙漠地区举行,卡内基梅隆大学的赛车 Sandstorm(改装的悍马车)行驶的距离最远,完成了 7.32mile(1mile=1609m)的路线。第二届挑战赛要求在 10h 内通过沙漠地形行驶 175mile,并且不允许人工干预。最终有 5 台车辆完成了 132mile 的赛程,斯坦福大学的 Stanley 以 30.7km/h 的平均速度、6 小时 53 分 58 秒的总时长最终赢得了冠军。第三届挑战赛也被称为"城市挑战赛"（Urban Challenge），比赛规则要求参赛的智能车在 6h 内完成 60mile 的市区道路行驶,同时要求智能车具备检测和主动避让其他车辆的能力,还要遵守所有的交通规则。最终,来自卡内基梅隆大学的 Boss 以总时长 4 小时 10 分 20 秒、平均速度 22.53km/h 的成绩获得了冠军。

2009 年,Google 公司在 DARPA 的支持下,开始了自己的无人驾驶汽车项目。当时,Google 公司的两位创始人拉里·佩奇和谢尔盖·布林确立了一个目标:在没有人为干预的情况下,让车辆顺利跑完旧金山周边的 10 条路线,总长约 160km。该项目组只用了一年时间就达成了目标。这也标志着单车智能技术开始进入商业应用探索阶段。

2013 年,奥迪、福特、沃尔沃、日产等汽车厂商纷纷布局自动驾驶汽车,同时 nuTonomy、Zoox、Uber、百度等科技公司也开始研发自动驾驶技术。其中,传统车企采用渐进提高汽车驾驶自动化水平的路线,部分车企已实现低等级(L3 级别以下)的自动驾驶量产整车和 ADAS(Advanced Driving Assistance System,高级辅助驾驶系统);科技公司依靠在数据、算法方面的优势,主要进行高等级的自动驾驶技术研发,目前已实现在特定区域示范驾驶的阶段。

2015 年,特斯拉公司推出半自动驾驶系统 Autopilot。通过软件更新,Autopilot 可以不断引入新功能并完善现有功能,持续提升车辆的安全性和功能性。目前 Autopilot 已实现车辆在车道内自动辅助转向、自动辅助加速和自动辅助制动等功能,但未实现完全自动驾驶。Autopilot 是第一个投入商用的自动驾驶技术。

2016 年,Uber 无人驾驶汽车在位于美国宾夕法尼亚州匹兹堡市的 Uber 先进技术中心正式上路测试。该车使用的是一款福特混动车型,并安装了毫米波/激光雷达、高分辨率摄像机等。该车目前已完成了城市道路的无人驾驶测试工作。

2018 年,Waymo 公司推出的自动驾驶载人服务 Waymo One 在美国凤凰城上线。

2021 年,安途(AutoX)公司真正全无人驾驶的 RoboTaxi 汽车开始商业化试运营。
……

单车智能发展历程如图 1.1 所示。

图 1.1　单车智能发展历程

早期由于人工智能、通信、感知决策等技术的瓶颈,自动驾驶汽车发展主要专注于单车智能,以激光雷达或视觉系统为主要感知手段,采用激光雷达、毫米波雷达、摄像头、高精度定位系统等多传感器融合的方案提升车辆自身的智能化水平。目前,单车智能已由早期的技术探索阶段逐步进入商业应用阶段。其中,ADAS 和低级别(L3 级别以下)的自动驾驶量产整车是单车智能商业化发展的核心成果。

1.1.2 网联化

早期的智能交通是智能网联的雏形,当时重点关注的交通参与要素是"车-路",通过车与车、车与路通信进行信息交互和共享,从而实现智能协同,提升交通安全性与效率。例如,美国、日本、中国从各自的国情及战略优势出发,形成了适合自身发展的智能网联模式,具体如图 1.2 所示。

1. 美国的智能网联发展

美国最早在 1995 年交通部出版的《国家智能交通系统项目规划》(*National Intelligent Transportation Systems Program Plan*)中明确了智能交通系统的研发方向和目标。1998 年将智能车辆行动计划(Intelligent Vehicle Initiative,IVI)调整为主要研发方向,该计划的重点是改善 3 种驾驶条件(正常条件、恶化条件、交通事故易发条件)下4 种车型(轻型、商用、公交、专用)、8 大领域的交通安全问题。2003 年启动的车辆基础设施一体化(Vehicle Infrastructure Integration,VII)项目为"车-路"通信分配了 5.9GHz 专用短程通信(Dedicated Short Range Communication,DSRC)频段,实现了车和路侧基站的相互通信。2009 年,美国交通部将 VII 项目更名为 IntelliDrive,更加侧重于交通安全的研究。2010 年,美国发布智能交通系统战略计划 2010—2015(ITS Strategic Plan 2010—2015),从国家战略角度明确了大力发展网联汽车的研发方向。2011 年,美国交通部又将 IntelliDrive 正式更名为智能网联汽车研究(Connected Vehicle Research,CVR)。2014 年,美国交通部与美国智能交通系统联合项目办公室(Intelligent Transportation System Joint Program Office,ITS JPO)共同提出 ITS 战略计划 2015—2019(ITS Strategic Plan 2015—2019),为这 5 年内在智能交通领域的发展明确了方向,将汽车的智能化、网联化作为该战略计划的核心,重点推进智能汽车的安全性、政策、智能网联技术和示范工程研究。2020 年,美国智能交通系统联合计划办公室发布了智能交通系统战略规划 2020—2025(ITS JPO Strategic Plan 2020—2025),提出了六大重点规划,覆盖了从自动驾驶和智能网联到新兴技术综合创新的全生命周期。

2. 日本的智能网联发展

日本早在 1973 年就开始了对智能交通的研究。1995 年,日本四省一厅(通商产业省、运输省、邮政省、建设省、警察厅)联合发布了《公路、交通、车辆领域的信息化实施方针》,当时开发的车辆信息和通信系统(Vehicle Information and Communication System,VICS)是智能网联思想的雏形。1996 年,日本四省一厅又联合制定了"推进 ITS 总体构想",提出了优化交通管理、公共交通支援系统、商业车辆的效率化、公路管理的效率化等

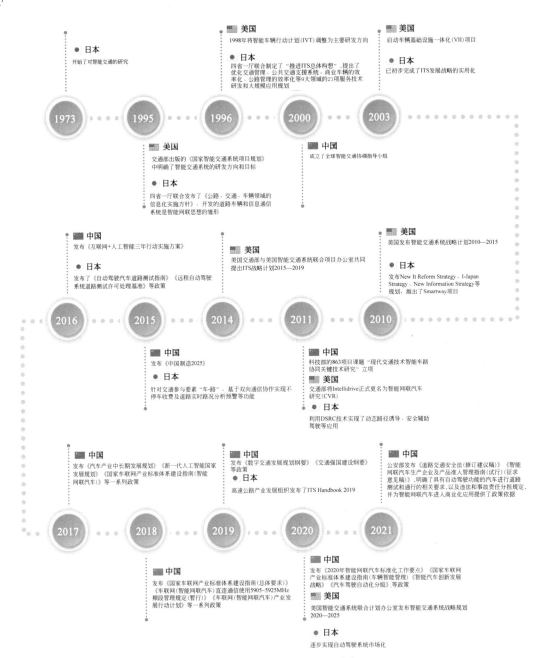

图 1.2　美国、日本、中国智能网联发展

9大领域的21项服务技术研发和大规模应用规划。直到2003年,已初步完成了ITS发展战略的实用化,加强了不同系统间的交互融合。2006—2010年,日本发布了New IT Reform Strategy、i-Japan Strategy、New Information Strategy等规划,推出了SmartWay项目,实现了VICS等系统与基础设施的整合,并在全国范围内开展安全驾驶支持系统(Driving Safety Support Systems,DSSS)试验以改善交通安全和提高交通通行效率。2011年,日本利用DSRC技术实现了动态路径诱导、安全辅助驾驶等应用,并覆盖了整个

日本高速公路网。2015年,针对交通参与要素"车-路",基于双向通信协作实现了不停车收费及道路实时路况分析预警等功能。2016—2017年,日本发布了《自动驾驶汽车道路测试指南》《远程自动驾驶系统道路测试许可处理基准》等政策,大力支持智能网联道路测试,提升了道路交通管控和服务能力。2019年,日本高速公路产业发展组织(Highway Industry Development Organization)发布的 *ITS Handbook 2019* 明确了日本智能交通领域重点发展的方向及关键举措,包括自动驾驶和智能网联技术发展趋势、战略计划及应用、ITS前沿技术研发等。从2020年起,日本逐步实现了自动驾驶系统市场化,并计划推出具有自动驾驶功能的出租车、巴士运营服务等。

3. 中国的智能网联发展

中国智能网联起步较晚,经历了课题研究到示范应用两个阶段。2000年,中国成立了全球智能交通协调指导小组。2011年,科技部863项目课题"现代交通技术智能车路协同关键技术研究"立项,建立了智能车路协同技术体系框架,开发了智能车载系统、智能路侧系统、车-车/车-路协同信息交互系统等,形成了我国道路交通主动安全保障的核心技术体系。2015年发布的《中国制造2025》提出掌握汽车低碳化、信息化、智能化核心技术,把节能和新能源汽车作为十大重点发展领域,并明确将发展智能网联汽车提升至国家战略高度,为智能汽车发展奠定了基础。2016年发布的《互联网+人工智能三年行动实施方案》提出,加快智能化网联汽车关键技术研发,实行智能汽车试点工程,推动智能汽车典型应用,同时加强智能网联汽车及相关标准化工作。2017年发布的《汽车产业中长期发展规划》《新一代人工智能国家发展规划》《国家车联网产业标准体系建设指南(智能网联汽车)》等一系列文件都明确指出,智能网联在自动驾驶应用中占有重要地位,并且是引领整个产业转型升级的重要突破口之一。2018年发布的《国家车联网产业标准体系建设指南(总体要求)》《车联网(智能网联汽车)直连通信使用5905~5925MHz频段管理规定(暂行)》《车联网(智能网联汽车)产业发展行动计划》等一系列文件,有效推进了智能网联的发展,并开放了中国首批智能汽车开放道路测试牌照的申请。2019年发布的《数字交通发展规划纲要》《交通强国建设纲要》等推动了智能网联技术的研发和专用测试场地建设。2020年发布的《2020年智能网联汽车标准化工作要点》《国家车联网产业标准体系建设指南(车辆智能管理)》《智能汽车创新发展战略》《汽车驾驶自动化分级》等文件促进了中国标准智能网联技术创新以及产业生态、基础设施、法规标准、产品监管和网络安全体系的形成,为有条件自动驾驶的智能网联车提供了规模化、市场化的政策保障。

目前,中国智能网联汽车已进入项目落地和推广应用阶段,并且已拥有超过20个智能网联汽车示范区,基本覆盖了各种天气、道路环境的封闭道路与开放道路测试场地。2021年,公安部发布了《道路交通安全法(修订建议稿)》《智能网联汽车生产企业及产品准入管理指南(试行)(征求意见稿)》,明确了具有自动驾驶功能的汽车进行道路测试和通行的相关要求,以及违法和事故责任分担规定,并为智能网联汽车进入商业化应用提供了政策依据。

◆ 1.2　演进模式

在智能化的演进中,仅仅依靠单车智能实现高级别的自动驾驶只能覆盖简单的场景,在实际的复杂城市道路中还存在较大的局限性,如感知存在遮挡盲区、感知范围有限、交通标识识别困难、定位信号漂移/遮挡等技术问题,并且单车改造成本过高,这些问题是制约单车智能发展的主要瓶颈。单车智能感知缺陷(场景化)如图1.3所示。

(a) 交通标识识别困难

(b) 感知范围有限

(c) 定位信号漂移

(d) 缺乏意图共享

图1.3　单车智能感知缺陷(场景化)

各个国家从各自的实际国情出发,基于相关产业生态的发展情况与核心能力,并融合自身的战略优势,形成了适合本国发展的智能网联模式。由于智能网联技术仍处于发展初期,还没有形成标准化架构和业态模式,而且不同国家对智能网联的理解、认知以及发展路径都不尽相同。因此,目前对智能网联并没有形成标准化的定义和演进模式。

对美国而言,虽然在人工智能、人才储备、基础科研实力、集成电路、高端芯片等领域全球领先,但美国的通信、5G、基础设施落后于中国,而且美国重视个人隐私保护,导致网联化发展缓慢,主要还是以提高单车自身的智能化水平为主发展智能网联。单车智能化如图1.4所示。

中国的通信技术发展在全球领先,基站覆盖面广,智能网联新基建基础设施完善。同时,考虑到实际场景复杂,单车智能在感知能力、计算能力、安全性和可靠性等方面不能满足复杂场景的需求,以及解决方案成本过高等问题,中国探索出在单车智能的基础上引入网联化技术的演进模式,将交通参与要素"人-车-路-云"有机地联系在一起,通过多协作式的协同感知、协同决策和协同控制获得更全面的感知信息、更强的计算决策和控制执行能力,从而满足全工况环境下的实际应用场景。在具体的技术演进路径上,中国充分融合了

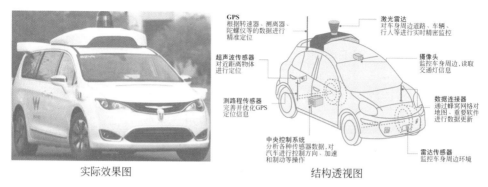

实际效果图　　　　　　　　　　　　　　　　　　结构透视图

图 1.4　单车智能化（以 Waymo 智能驾驶汽车为例）

资料来源：Waymo，BCG，华西证券研究所

智能化与网联化的发展特征，实现"人-车-路-云"四位一体融合控制体系的智能网联技术。智能化＋网联化的智能网联模式（图 1.5）是中国特色的智能网联演进模式，同时会催生新产品、新模式、新生态。

图 1.5　智能化＋网联化的智能网联模式

　　日本和德国等国家拥有成熟、发达的汽车产业生态和高精尖的制造业，但是国内市场容量有限，未来将面临智能网联模式选择的问题。

◆ 1.3　分 级 标 准

　　智能网联演进模式向着智能化和网联化融合方向发展。

1.3.1　智能化分级标准

　　在智能化分级标准方面，2013 年，美国国家高速公路交通安全管理局（National

Highway Traffic Safety Administration，NHTSA)发布了自动驾驶的分级标准，对智能化的描述共分为 5 个级别（L0～L4）。2014 年，国际汽车工程师学会（Society of Automotive Engineers，SAE)制定了新的自动驾驶分级标准——J3016，对智能化的描述共分为 6 个级别（L0～L5）。2016 年，美国交通部发布了关于自动化车辆的测试与部署政策指引，明确将 SAE J3016 标准确立为定义自动化/自动驾驶车辆的全球行业参照标准，用以评定自动驾驶技术。此后，全球诸多与汽车行业相关的企业也采用了 SAE J3016（最新修订版已于 2021 年 4 月 30 日发布）对自身与汽车相关的产品进行技术定义。有关 NHTSA 和 SAE 智能化分级标准如表 1.1 所示。

表 1.1　NHTSA 和 SAE 智能化分级标准

NHTSA	SAE	名　称	驾控主体	感知接管	监控干预	道路	环境监测	场　景
L0	L0	完全人类驾驶	👤	👤	👤	全部	全部	无
L1	L1	机器辅助驾驶	👤🚗	👤	👤	部分	部分	限定场景
L2	L2	部分自动驾驶	🚗	👤	👤	部分	部分	
L3	L3	有条件自动驾驶	🚗	🚗	👤	部分	部分	
L4	L4	高度自动驾驶	🚗	🚗	🚗	部分	部分	
	L5	完全自动驾驶	🚗	🚗	🚗	全部	全部	所有场景

　　这两个标准除对智能化的描述语言略有差别之外，在整体分级思路、划分标准、等级界定上大体一致。其中，L0 无自动驾驶功能；L1～L3 主要起到辅助驾驶作用；当达到 L4、L5 级别时，完全由车辆自动驾驶。由此可见，L3 级别是区分辅助驾驶与自动驾驶的分水岭。

　　中国智能化分级标准的制定参考了 NHTAS、SAE 等组织的分级定义，并以 SAE 分级定义为基础，同时考虑了中国道路交通情况的复杂性，在 2020 年制定了《汽车驾驶自动化分级》（GB/T 40429—2021，已于 2021 年 1 月 1 日起实施）作为国家标准。中国智能化分级标准如表 1.2 所示。

表 1.2　中国智能化分级标准

等级	名　称	设计运行条件	功能实现	硬件配置要求	转向与加速度	驾驶环境检测	动态驾驶任务接管
L0	应急辅助	有限制	• 信号灯识别 • 夜视系统 • 盲点检测 • 车道偏离预警 • 360°全景影像	• 摄像头 • 毫米波雷达	👤	👤	👤
L1	部分自动辅助	有限制	• 自适应巡航 • 自动紧急制动 • 车道保持 • 泊车辅助		👤🚗	🚗	👤

续表

等级	名　　称	设计运行条件	功能实现	硬件配置要求	转向与加速度	驾驶环境检测	动态驾驶任务接管
L2	组合驾驶辅助	有限制	• 车道内自动驾驶 • 换道辅助 • 自动泊车	• 摄像头 • 毫米波雷达 • 部分 V2X	🚗	🧍🚗	🧍
L3	有条件自动驾驶	有限制	• 高速自动驾驶 • 城郊公路驾驶 • 编队行驶 • 交叉路口通过	• 摄像头 • 毫米波雷达 • 完整 V2X	🚗	🚗	🧍
L4	高度自动驾驶	有限制	• 车路协同 • 城市自动驾驶	• 摄像头 • 毫米波雷达 • 激光雷达 • 完整 V2X	🚗	🚗	🚗
L5	完全自动驾驶	无限制			🚗	🚗	🚗

中国智能化分级标准将自动驾驶划分为 L0～L5 共 6 个级别,先进驾驶辅助系统功能主要覆盖了 L0～L2 级别范围。中国智能化分级标准与 SAE J3016 标准的主要区别如下:

- L0 级别定义不同。SAE J3016 中的 L0 级别是目前市场车辆的常态,并没有必要专门定义级别;中国智能化分级标准将具有安全辅助功能的车辆定义为"应急辅助",为 L0 级别。
- L0～L2 级别动态驾驶任务接管主体不同。在 SAE J3016 中,"目标和事件探测与响应"由驾驶员接管完成;中国智能化分级标准由驾驶员和系统协作完成。
- L3 级别要求内容不同。中国智能化分级标准增加了"驾驶员接管能力监测和风险减缓策略"的要求;SAE J3016 无此要求。

针对中国智能化分级标准的不同智能化级别下传感器设备搭载情况如图 1.6 所示。

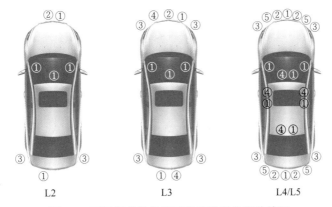

L2　　　　　　　　L3　　　　　　　　L4/L5

图 1.6　不同智能化级别下传感器设备搭载情况
①摄像头;②远程雷达;③中短程雷达;④远程激光雷达;⑤短程激光雷达

1.3.2　网联化分级标准

在网联化分级标准方面,2019 年欧洲道路交通研究咨询委员会(European Road

Transport Research Advisory Council,ERTRAC)更新了《网联式自动驾驶技术路线图》(*Connected Automated Driving Roadmap*),与前版本相比新增了网联式自动驾驶的内容,并明确提出基于数字化基础设施支撑的网联式自动驾驶(Infrastructure Support levels for Automated Driving,ISAD),强调协同互联,将基础设施的网联技术与车辆的智能等级相结合,如表 1.3 所示。

表 1.3　ERTRAC 2019 年版 ISAD 要点

基础设施	等级	名　称	描　述	提供的信息
数字化基础设施	A	协同驾驶	基于车辆行驶实时信息的获取,基础设施能够引导自动驾驶单车或车队行驶以优化整体交通流量	• 数字化地图和静态道路标识信息 • VMS、预警、事故、天气信息 • 交通状况信息 • 引导行驶速度、车辆间距、车道选择的信息
	B	协同感知	基础设施能够获取交通状况信息并及时向自动驾驶车辆传输	• 数字化地图和静态道路标识信息 • VMS、预警、事故、天气信息 • 交通状况信息
	C	动态信息数字化	所有静态和动态基础设施信息均以数字化形式提供给自动驾驶车辆	• 数字化地图和静态道路标识信息 • VMS、预警、事故、天气信息
传统基础设施	D	静态信息数字化/地图支持	可提供数字化地图数据和静态道路标识信息。地图数据可以通过物理参考点(如地标)补充。交通灯、临时道路施工地点和VMS(可变信息标识)仍需由自动驾驶车辆识别	数字化地图和静态道路标识信息
	E	传统基础设施/不支持自动驾驶	传统基础设施不能提供数字化信息,需要自动驾驶车辆本身识别道路几何形状和交通标志	无

由表 1.3 可以看出,基础设施呈现出数字化、网联化的特征,表现出更智能、更丰富的功能,使自动驾驶技术向着网联式协同决策方向演进。一方面,将基础设施自身的静态基本信息和动态实时信息数字化,提供给行驶中的车辆参考;另一方面,基础设施可获取交通状况和周边环境数据等细节信息,协同感知并实时传输给行驶中的车辆。等级 A 的基础设施还可获取行驶中的车辆的信息回馈,做到双向互联互通,从而达到协同控制车辆的目的。

2016 年,中国汽车工程学会发布的《节能与新能源汽车技术路线图》中,首次提出网联化分级的概念;2020 年发布的《节能与新能源汽车技术路线图 2.0》将原来的七大技术领域拓展至九大技术领域,并细化了各领域的技术路线图。依据该技术路线图,网联化分级按照网联通信内容及实现的功能不同可分为网联辅助信息交互、网联协同感知、网联协同决策与控制 3 个等级,如表 1.4 所示。

表 1.4 中国网联化分级要点

网联化等级	等级名称	等级定义	控制	典型信息	传输需求
1	网联辅助信息交互	基于车-路、车-后台通信,实现导航等辅助信息的获取以及车辆行驶数据与驾驶员操作等数据的上传	人	地图、交通流量、交通标志、油耗、里程、驾驶习惯等信息	传输实时性、可靠性要求较低
2	网联协同感知	基于车-车、车-路、车-人、车-后台通信,在共享车辆自身感知信息的同时,实时获取车辆周边交通环境信息,作为车辆决策与控制系统的输入	人与系统	周边车辆、行人、非机动车位置、速度以及信号灯相位、道路预警等信息	传输实时性、可靠性要求较高
3	网联协同决策与控制	基于车-车、车-路、车-人、车-后台通信,实时并可靠地获取车辆周边交通环境信息及车辆决策信息,车辆、道路等各交通参与者之间的信息进行交互融合,形成各交通参与者之间的协同决策与控制	人与系统	车-车、车-路间的协同控制信息	传输实时性、可靠性要求最高

其中,网联化等级 2 和 3 可以实时可靠获取周边交通环境信息,并形成车-车、车-路以及更多的交通参与者之间的协同感知、协同决策与控制,体现了对车与路之间的协同、智能控制技术理念。

由于智能网联技术目前还处于发展初期,全球关于网联化分级尚未取得一致,并且对应的总体架构和标准体系正在逐步完善。因此,智能化分级标准和网联化分级标准可能会随着技术的不断完善而发生相应的改变和调整,向着分级标准融合方向发展,如图 1.7 所示。

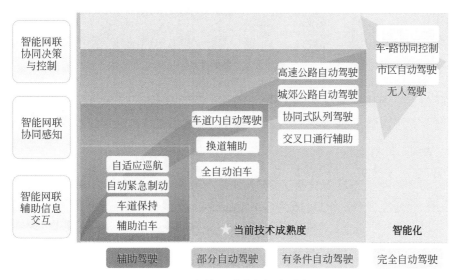

图 1.7 智能网联分级标准融合

资料来源:中国汽车工程学会《节能与新能源汽车技术路线图 2.0》

◆ 1.4　内涵及生态

1.4.1　概念内涵

目前关于智能网联并没有标准的定义。2016年,中国汽车工程学会发布的《节能与新能源汽车技术路线图》中对智能网联汽车进行了定义,即通过搭载先进的车载传感器、控制器、执行器等装置,并融合现代通信与网络技术,实现车与X(车、路、人、云等)智能信息交换、共享,具备复杂环境感知、智能决策、协同控制等功能,可实现安全、高效、舒适、节能行驶,并最终实现替代人操作的新一代汽车。此定义聚焦于智能网联汽车本身,是狭义的概念。

智能网联广义的概念可理解为:按照一定的通信协议和数据交互标准,实现"人-车-路-云"动态实时信息交互的网络。智能网联生态如图1.8所示,即,在单车智能的基础上,采用先进的无线通信和新一代互联网等技术实现车与车、车与路、车与人之间动态实时信息交互,充分实现人、车、路的有效协同,从而形成安全、高效的生态系统。

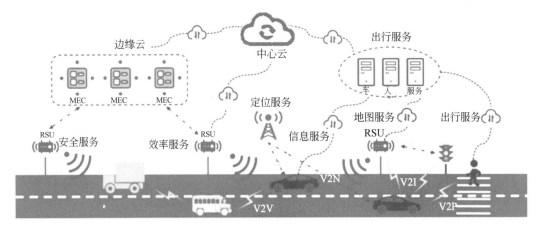

图 1.8　智能网联生态

网联化不仅意味着车与车(V2V)、车与路(V2I)、车与云(V2N)、车与人(V2P)的实时信息交互和协同感知,也意味着"人-车-路-云"场景化的协同决策和协同控制。

1.4.2　产业生态

智能网联产业生态较为复杂,主要表现在两方面:产业链条长,涉及汽车、电子、通信、互联网、交通等多个领域;市场参与主体众多,主要参与者包括整车厂商、传感器厂商、基础设施以及芯片厂商、电子通信服务商、底层支撑服务商、平台运营服务商、内容服务商和政府等多种角色,是一个多方共建的生态体系。智能网联产业生态如图1.9所示。

在智能网联产业生态中,整车厂商进行软硬件产品、功能及生态服务的集成,提供智能汽车平台,开放车辆控制接口等;传感器厂商研发并提供先进的传感软硬件系统;基础设施以及芯片供应商提供路侧端和车载端感知、控制、通信相关芯片产品;电子通信服务

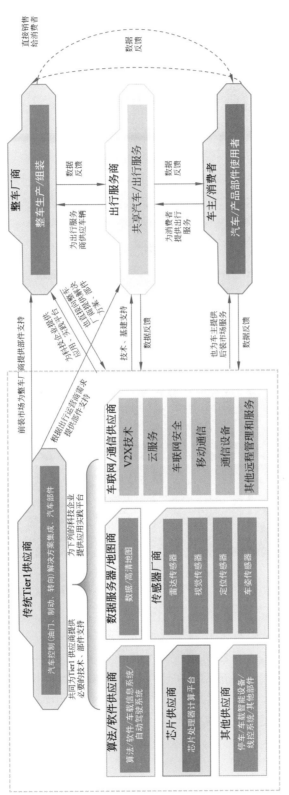

图 1.9　智能网联产业生态

资料来源：亿欧智库

商提供智能驾驶研发和集成;底层支撑服务商提供智能化和网联化的技术服务;平台运营商和内容服务商提供智能网联运营平台和场景化的数据服务等;政府需要从立法、政策、标准等方面营造良好的发展环境,大力推动智能网联技术创新应用。

◆ 1.5　应 用 场 景

1.5.1　交通安全类

　　智能网联技术的交通安全类应用场景有前向碰撞预警、汇入主路辅助/碰撞告警、交叉路口碰撞告警、超车辅助、紧急制动预警、车辆失控告警、异常车辆提醒、非机动车横穿预警、道路危险状况提示、限速预警、闯红/黄灯预警、绿波车速引导、前方事故提醒、道路施工提醒、限高/限重/限宽提醒等,如图 1.10 所示。

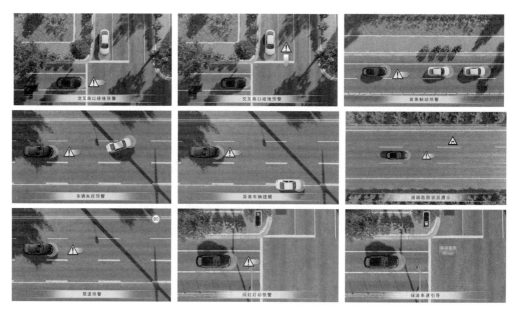

图 1.10　常见的交通安全类应用场景

　　下面以道路交通状况提示为例说明智能网联技术在交通安全方面的应用。

　　在日常驾驶时,驾驶员经常会遇到前方道路事故、道路施工、路面湿滑、需要绕路行驶、交通拥堵、天气恶劣、停车限制和转向限制等情况,此时如果前方有行驶的车辆挡住视线,就无法感知前方道路情况。在使用智能网联技术的情况下,车辆或智能路侧设备通过雷达、摄像头等感知设备感知交通环境,包括周边车辆、物体、路况等,并通过 V2V/V2I 将其感知结果共享给其他车辆。通过感知信息的实时交互,扩展车辆感知范围,丰富车辆感知信息细节,可避免因车辆感知信息不足或感知盲区产生的交通危险,如图 1.11 所示。

图 1.11　交通安全类应用场景示例

1.5.2　交通效率类

　　智能网联技术的交通效率类应用场景有减速区/限速提醒、车速引导、电子不停车收费、减速/停车标志提醒、交通信息及建议路径、交叉口信号灯控制参数优化、自适应巡航、自适应车队、协同式车队等。

　　下面以协作式路口通行为例说明智能网联技术在提升交通效率方面的应用。假定车辆在无红绿灯信号的路口,在没有使用智能网联技术的情况下,每辆车并不知道路口各方向来车的通行意图,从而有可能造成路口车辆的无序通行,降低了十字路口的通行效率。在使用智能网联技术的情况下,在无红绿灯信号的路口,智能路侧设备接收各方向来车的通行意图(直行、左转、右转)和车辆状态(位置、速度、大小、最大加减速等),并基于路口各方向的车流量进行实时统一调度。智能路侧设备将调度结果(路口各车道车辆的通行顺序、时间等)发送给路口车辆,并进行实时行驶轨迹与状态的更新,通过车辆之间的协商,使车辆有序通过路口,如图 1.12 所示。

图 1.12　交通效率类应用场景示例

1.5.3　信息服务类

　　智能网联技术的信息服务类应用场景有服务信息公告、感知数据共享、进场停车、自动停车引导、车辆远程诊断、智能路径规划、目的地智能选择、紧急车辆避让、商用及货用车在一定范围内的信息传输、气象服务、安全通报等。

　　下面以紧急车辆避让为例说明智能网联技术在提升交通效率方面的应用。人们在道路上开车经常会遇到为救护车等需要紧急通行的车辆让行的情况。在没有使用智能网联技术的情况下,道路上的车辆并不知道救护车等的存在,车与车之间也没有换道让行策略。在使用智能网联技术的情况下,云控平台根据救护车等和其他车辆实时上报的车速、位置等行驶数据,将救护车等预警信息广播给行驶路线上的所有车辆,实现提前避让,提高救护车等的通行效率,让救护车等以最快速度通过路段,如图 1.13 所示。

图 1.13　信息服务类应用场景示例

◇ 1.6　实践与练习

1.6.1　先进驾驶辅助系统

先进驾驶辅助系统(ADAS)是利用安装在车辆上的传感、通信、决策及执行等装置,监测驾驶员、车辆及其行驶环境并通过影像、灯光、声音、触觉提示/警告或控制等方式辅助驾驶员执行驾驶任务或主动避免/减轻碰撞危害的各类系统的总称,如图 1.14 所示。

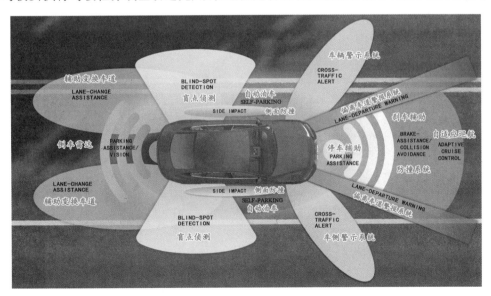

图 1.14　先进驾驶辅助系统

根据《道路车辆先进驾驶辅助系统术语及定义要求》,先进驾驶辅助系统的功能可以分为信息辅助类与控制辅助类两大类别,如图 1.15 所示。

信息辅助类 21项	驾驶员疲劳检测(DFM)	全景影像监测(AVM)	弯道碰撞预警(LCW)	
	驾驶员注意力检测(DAM)	夜视(NV)	盲区监测(BSD)	车门开启预警(DOW)
	交通标识识别(TSR)	前向车距监测(FDM)	侧面盲区监测(SBSD)	倒车环境辅助(RCA)
	智能限速提醒(ISLI)	前向碰撞预警(FCW)	转向盲区监测(STBSD)	低速行车环境辅助(MALSO)
	弯道速度预警(CSW)	后向碰撞预警(RCW)	后方交通穿行提醒(RCTA)	
	抬头显示(HUD)	车道偏离预警(LDW)	前方交通穿行提醒(FCTA)	

图 1.15   先进驾驶辅助系统信息辅助类和控制辅助类功能

先进驾驶辅助系统的功能通过传感层、决策层和执行层 3 个模块实现。传感层通过摄像头、雷达、夜视系统等对环境进行数据采集;决策层对采集的数据进行认知判断并做出决策;控制层通过刹车、油门、转向等对车辆进行控制,实现安全驾驶辅助功能。

1.6.2   场景设计

本实验将通过虚拟仿真技术高度还原真实的驾驶场景,模拟先进驾驶辅助系统在特定场景中的主要功能,从而深入理解先进驾驶辅助系统在实际驾驶场景中发挥的作用;同时,通过对先进驾驶辅助系统各项标定参数的调整,学习、理解不同参数状况下的决策和控制逻辑。本节从先进驾驶辅助系统信息辅助与控制辅助两大类功能中选取了在实际场景中使用频率较高的功能进行场景设计。

(1)交通标志识别(Traffic Signs Recognition,TSR)。自动识别车辆行驶路段的交通标志并发出提示信息,如图 1.16 所示。

图 1.16   交通标志识别

（2）智能限速提示（Intelligent Speed Limit Information，ISLI）。自动获取车辆当前条件下所应遵守的限速要求并实时监测车辆行驶速度，当车辆行驶速度不符合限速要求或即将超出限速范围的情况下适时发出提示信息，如图 1.17 所示。

图 1.17　智能限速提示

（3）前向碰撞预警（Forward Collision Warning，FCW）。实时监测车辆前方行驶环境，并在可能发生前向碰撞危险时发出警告信息，如图 1.18 所示。

图 1.18　前向碰撞预警

（4）车道偏离预警（Lane Departure Warning，LDW）。实时监测车辆在本车道的行驶状态，并在出现或即将出现非驾驶意愿的车道偏离时发出警告信息，如图 1.19 所示。

（5）变道碰撞预警（Lane Changing Warning，LCW）。在车辆变道过程中，实时监测相邻车道，并在车辆侧方/侧后方出现可能与本车发生碰撞危险的其他道路使用者时发出

图 1.19　车道偏离预警

警告信息,如图 1.20 所示。

图 1.20　变道碰撞预警

（6）智能车速控制(Intelligent Speed Adaptation,ISA)。识别交通标志,并根据读取的最高限速信息控制油门,确保驾驶者在规定限速范围内行驶,有效避免驾驶者在无意识的情况下发生的超速行为,如图 1.21 所示。

（7）自适应巡航控制(Adaptive Cruise Control,ACC)。实时监测车辆前方行驶环境,在设定的速度范围内自动调整行驶速度,以适应前方车辆/道路条件等引起的驾驶环境变化,如图 1.22 所示。

（8）车道保持辅助(Lane Keeping Assist,LKA)。实时监测车辆与车道边线的相对位置,持续或在必要情况下控制车辆横向运动,使车辆保持在原车道内行驶,如图 1.23 所示。

图 1.21　智能车速控制

图 1.22　自适应巡航控制

图 1.23　车道保持辅助

（9）紧急制动辅助（Emergency Braking Assist，EBA）。实时监测车辆前方行驶环境，在可能发生碰撞危险时提前采取措施以减少制动响应时间并在驾驶员采取制动操作时辅助增加制动压力，以避免碰撞或减轻碰撞后果，如图 1.24 所示。

图 1.24　紧急制动辅助

根据仿真平台提供的场景，实现上述先进驾驶辅助系统的信息辅助与控制辅助类功能，ADAS 仿真场景如图 1.25 所示。

ADAS 仿真场景

图 1.25　ADAS 仿真场景

1.6.3　仿真实现

从本实验开始将采用计算机仿真与真实测试相结合的方法进行相关原理的仿真验证。

首先，将驾驶模拟终端接入仿真平台。其中，仿真平台已经内置了实验所需的现实世界的场景模型、控制算法接口、车辆模型等素材，可对车辆进行油门、刹车、转向等驾驶操作控制,调节车辆行驶速度、位置和方法等状态,预测场景中交通参与者的轨迹,规划车辆运行轨迹等。人工驾驶接入场景如图 1.26 所示。

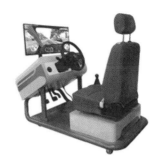

人工驾驶
接入场景

图 1.26　人工驾驶接入场景

然后,在车端编程实现先进驾驶辅助系统的信息辅助与控制辅助类功能,并在模拟器上体验真实交通场景的仿真结果,如图 1.27 所示。

图 1.27　真实交通场景的仿真结果

读者可以思考应该如何使用信息辅助与控制辅助功能避免事故的发生。

第
2
章

智能网联关键技术

◇ 2.1 关键技术架构

智能网联关键技术涉及通信、电子、信息、人工智能等多个领域,根据 2021 年由工业和信息化部指导、中国汽车工程学会发布的《智能网联汽车技术路线图 2.0》,智能网联关键技术架构具体可划分为"三横两纵","三横"指车辆关键技术、信息交互关键技术与基础支撑关键技术,"两纵"指支撑智能网联汽车发展的车载平台与基础设施,如图 2.1 所示。

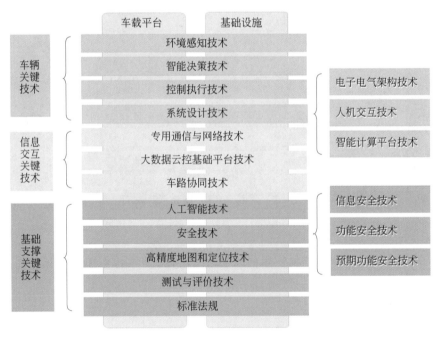

图 2.1 智能网联"三横两纵"关键技术架构
资料来源:《智能网联汽车技术路线图 2.0》

与 2016 年发布的《智能网联汽车技术路线图》(简称 1.0 版)的关键技术架构相比,2.0 版有以下不同:

- 1.0 版中把车作为信息交互主体,而 2.0 版中强调路在感知决策中的重要作用。
- 2.0 版的关键技术架构中增加了系统设计技术,其中包括电子电气架构技术、人机交互技术和智能计算平台技术。
- 2.0 版对 1.0 版信息交互关键技术中的专用通信技术和大数据平台技术进行了较大修改,并增加了车路协同技术,丰富了云控基础平台,明确了车路协同路线。
- 在 1.0 版的基础支撑关键技术中增加了人工智能技术、安全技术(功能安全技术、预期功能安全技术、信息安全技术),优化了高精度地图和定位技术、标准法规等。
- 在 1.0 版的基础设施中增加了信息基础设施建设的内容。

◆ 2.2 车辆关键技术

车辆关键技术主要包括环境感知技术、智能决策技术、控制执行技术和系统设计技术,如图 2.2 所示。

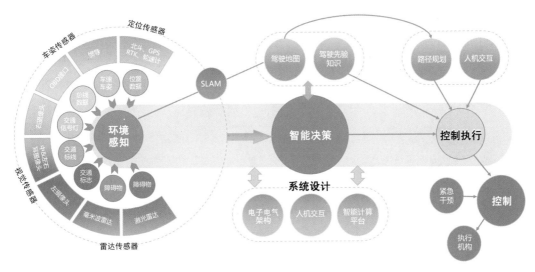

图 2.2 车辆关键技术

- 环境感知技术包括雷达探测技术、机器视觉技术、车辆姿态感知技术、乘员状态感知技术、协同感知技术和信息整合技术等。
- 智能决策技术包括行为预测技术、态势分析技术、任务决策技术、轨迹规划技术和行为决策技术等。
- 控制执行技术包括关键执行机构(驱动、制动、转向、悬架)、车辆纵向/横向/垂向运动控制技术、车-车协同控制技术和车路协同控制技术。
- 系统设计技术包括电子电气架构技术、人机交互技术和智能计算平台技术。

　　车辆关键技术中的环境感知技术相当于驾驶员的眼睛,用于实现对车辆位置、车辆状态信息、交通环境信息进行实时感知;智能决策技术相当于驾驶员的大脑,依据感知信息进行处理,形成全局的理解,再通过人工智能等算法得出决策结论,传递给执行控制系统;执行控制系统相当于驾驶员的手脚,用于执行大脑的指令,执行控制系统收到决策规划指令后,反馈给底层的执行模块执行任务,从而实现对车辆的控制;系统设计技术相当于连接人体各个器官的神经系统,用于将环境感知、智能决策、控制执行各个部分连接为统一的协同整体。

◆ 2.3　信息交互关键技术

　　信息交互关键技术包括专用通信与网络技术、大数据云控基础平台技术和车路协同技术,如图 2.3 所示。

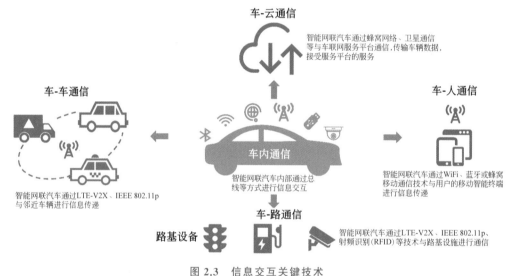

图 2.3　信息交互关键技术

资料来源：中国信息通信研究院,华西证券研究所

- 专用通信与网络技术包括车辆专用短程通信技术、直连无线通信技术、蜂窝移动通信技术、车载无线射频通信技术、移动自组织网络技术和面向智能交通的有线网络通信技术等。
- 大数据云控基础平台技术包括大数据和人工智能平台技术、融合感知技术、协同决策技术、边缘计算技术、边缘云架构技术、多级云控平台技术和云网一体化技术等。
- 车路协同技术包括协同感知技术、融合与预测技术、协同决策与协同控制一体化技术、协同优化技术和交通系统集成优化技术等。

信息交互关键技术将交通参与要素"人-车-路-云"的物理层、信息层、应用层连接为一体,实现车-云通信、车-车通信、车-人通信、车-路通信和车内通信 5 个通信场景,对数据进行融合感知、传输、加工、交换和存储,对全局车辆与交通的交互、管控与优化、深度应用等提供低延时、高可靠、高保障的信息服务,从而提高交通效率,改善驾乘体验,为用户提供智能、舒适、安全、节能、高效的综合服务。

◇ 2.4　基础支撑关键技术

基础支撑关键技术包括人工智能技术、安全技术、高精度地图和定位技术、测试与评价技术和标准法规。

- 人工智能技术包括人工智能环境感知算法、多语言融合技术、自然语言识别技术、语义理解关键技术和人工智能芯片技术等。
- 安全技术包括信息安全技术、功能安全技术和预期功能安全技术。
- 高精度地图和定位技术包括三维动态高精度地图技术、卫星定位技术、惯性导航与航迹推算技术、通信基站定位技术和协作定位技术等。
- 测试与评价技术包括测试场景方法与技术、评价体系、测试评价流程、测试基础数据库、测试技术和验证工作等。
- 标准法规包括标准体系与关键标准的制定。

在人工智能技术方面,采用多源异构信息融合的方式突破多传感器环境感知算法深度融合技术,全面实现高级别自动驾驶的人工智能控制。

在信息安全技术方面,建立信息安全的整车开发、生产流程管理,实现车-车、车-路、车-人、车-云安全通信及专有中心云、边缘云的安全防护,健全信息安全应急响应机制及保障与监管体系,实现智能网联信息安全防护体系的全面实施,构建交通安全、信息安全和网络安全融为一体的监管体系。

在功能安全和预期功能安全技术方面,完善智能网联汽车整车、系统和芯片层面的功能安全设计流程,建立预期功能安全设计分析流程,实现功能安全与预期功能安全标准在自动驾驶系统上的应用。

在高精度地图和定位技术方面,实现地图数据精度接近厘米级、覆盖全国路网、动态数据秒级更新、全域室内外一体化的高精度定位满足完全自动驾驶的需求。

在测试与评价技术方面,构建反映我国区域交通环境和气候特征的中国典型驾驶场景数据库,构建符合我国交通环境特点的主客观测试与评价体系,形成智能汽车测试与评价体系。

在标准法规方面,形成全球领先的标准体系,全面建成技术先进、结构合理、内容完善的标准体系,满足不同技术路线发展的需要。

◇ 2.5 车载平台

车载平台为智能网联汽车的车内外通信、人机交互提供统一接口,简化自动驾驶汽车各模块之间的关联,对多模通信、网关路由、多模定位、人机交互等模块进行功能整合,形成面向智能网联的新一代智能车载平台化产品。车载平台的主要组成部分如图 2.4 所示。

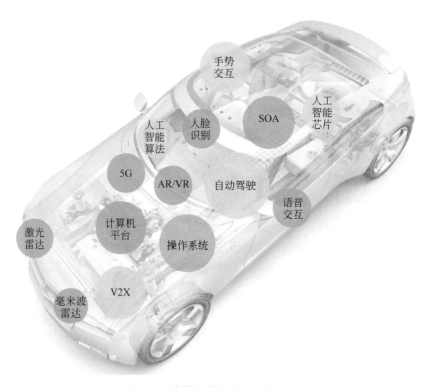

图 2.4　车载平台的主要组成部分

车载平台包括硬件、软件、通信架构等,按自下而上的分类大致划分为硬件平台(人工智能芯片、GPU、FPGA、CPU 等)、系统软件(硬件抽象层、操作系统内核、中间件等)、功能软件(库组件、中间件、算法接口、自动驾驶通用框架模块等)和应用算法软件(自动驾驶数据及地图、感知/规划/决策算法等)4 部分。

车载平台搭载车辆控制系统、车载终端、交通设施终端、外接终端、车类总线通信、车类局域通信、中短程通信、广域通信、大数据平台等,为上层软件提供车载信息类、高级辅助驾驶类、自动驾驶类、协同控制类功能和应用的支撑,同时提供对下层车辆硬件控制的支撑。车载平台参考架构如图 2.5 所示。

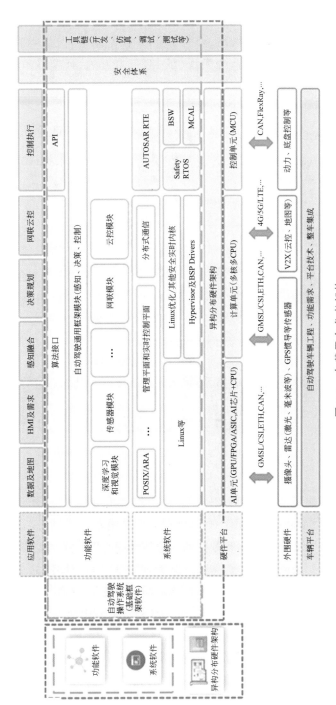

图 2.5　车载平台参考架构

资料来源：中国软件评测中心、国联证券研究所

◇ 2.6   基 础 设 施

基础设施包括交通设施、通信网络、云控平台、定位基站等,如路侧单元、路侧计算单元、路侧感知设备、交通信息设施等,为实现"车-路"互联互通、环境感知、局部辅助定位、交通信号实时获取等提供支撑保障,如图2.6所示。

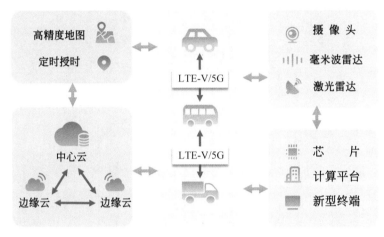

图 2.6   基础设施

基础设施将逐步向数字化、智能化、网联化和软件化方向升级,支撑智能网联的发展。

◇ 2.7   实 践 与 练 习

2.7.1   协同驾驶

协同驾驶的典型应用场景包括协作式变道、协作式匝道汇入/离开、协作式路口通行等。仿真平台提供了"车辆汇入汇出""车辆路径引导""电动汽车动态路径规划""基于车路协同的交叉口通行""基于实时网联数据的交通信号配时""交叉口动态车道管理""高速公路专用道柔性管理""编队行驶""协作式车队管理""基于车路协同的主被动电子收费""智能停车"等。仿真平台已经实现了部分车路协同应用场景,如图2.7所示。

本实验将以"基于车路协同的交叉口通行"为例,假定车辆在道路上正常行驶过程中,路侧设备检测到侧方来车,但由于有侧方视线盲区,当前车辆无法观察到侧方车辆。可否根据车辆的行驶轨迹预测两车是否存在碰撞风险?是否需要通过交互式通行避免交通事故的发生?请读者在保障行车安全的前提下,实现交互式通行的操作。本实验的仿真场景如图2.8所示。

图 2.7　车路协同应用场景

交叉口通
行案例

图 2.8　基于车路协同的交叉口通行案例

2.7.2 仿真实现

该场景要实现车辆之间的协作和协同驾驶操作,有多种思路,这里提供一种思路供读者参考。

首先需要当前车辆向周边车辆及路侧设备发送通过交叉口请求。如果当前车辆收到拒绝通过交叉口请求,则需要进行相应的减速或停车操作,提供足够的空间使侧向来车通过交叉口。具体流程如下:

(1)需要通过路口的当前车辆向周边车辆发送行驶意图消息和协作请求,同时将车辆位置以及车道宽度、车道线等相关信息发送给路侧设备。

(2)周边车辆收到协作请求后,结合自身行驶状态及路侧设备反馈的实时道路环境信息,对该请求进行反馈。

(3)如果当前车辆的请求被接受,当前车辆继续发送与该意图关联的目标行驶轨迹、有效时间窗等具体信息。

(4)周边车辆进一步确认当前车辆的行驶行为信息后,当前车辆触发通过交叉口行为。

仿真平台已经实现了"基于车路协同的交叉口通行"场景的仿真,可以根据路侧设备提供的当前车辆信息及周边环境信息预测交通事故发生的可能性,并反馈给当前车辆和周边车辆。该场景中的车辆轨迹分析如图 2.9 所示。

车辆轨迹分析

图 2.9 车辆轨迹分析

周边车辆收到来自路侧设备的反馈信息,并确定驾驶行为信息。当前车辆观察到的交叉口情况如图 2.10 所示。

通过交叉口请求被接受的当前车辆通过交叉口;请求未被接受的车辆在交叉口停止线后停车等待,直到请求被接受后再通过交叉口,协同驾驶场景(全局视角)如图 2.11 所示。

图 2.10　当前车辆观察到的交叉口情况（第一视角）

图 2.11　协同驾驶场景（全局视角）

　　在真实的道路场景下,在交叉口安装了路侧设备;在车上安装了与路侧设备通信的 App,用于接收和发送请求等信息;在交叉口安装了警示牌,用于向非智能网联车辆及非机动车提示相关信息。协同驾驶实测效果如图 2.12 所示。

图 2.12　协同驾驶实测效果

图 2.12 　（续）

环境感知技术

第 3 章

环境感知技术是车辆实现智能化的基础,主要通过定位传感器、雷达传感器、听觉传感器、视觉传感器、姿态传感器等不同传感器收集数据,经过人工智能算法的处理和融合,形成完整的驾驶态势图,为决策控制提供依据。

◈ 3.1 定位传感技术

定位传感技术是车辆协作及保障安全行驶的前提,是智能网联决策与协同控制体系中的重要组成部分,在智能网联场景中具有重要意义和作用。根据智能网联的场景及定位精度和性能需求不同,采用的定位传感技术方案不同,通常是通过多种技术的融合实现精准定位。在智能网联技术中,常用的定位传感技术有卫星导航技术、惯性导航技术、环境特征匹配技术等。

3.1.1 卫星导航

卫星导航是通过卫星播发的无线电导航信号,为用户在相应时空参考系中提供三维位置、速度和时间的技术。卫星导航技术是最基本的定位方法,也是提供初始绝对位置信息的唯一手段。

2007 年,联合国将美国的全球定位系统(Global Positioning System,GPS)、俄罗斯的格洛纳斯导航卫星系统(GLObal NAvigation Satellite System,GLONASS)、欧盟的伽利略导航卫星系统(Galileo Navigation Satellite System,Galileo)以及中国的北斗导航卫星系统(BeiDou Navigation Satellite System,BDS)确定为全球四大卫星导航定位系统。它们在系统组成和定位原理方面都大同小异。

卫星定位的原理与地面测量手段(后方交会法)是相同的,已知一个物体与 3 个已知位置的物体(即 3 颗卫星)的距离,就能计算出这个物体的位置。具体来说,通过这 3 颗卫星画 3 个球,那么这 3 个球必定相交得到两个点,根据地理常识排除 个不合理点,另一个点的位置即是所求位置。

首先,把整个空间看成一个坐标系,可以画一个立方体,这个立方体的两个对角分别是用户和卫星,其中卫星的坐标 (x',y',z') 是已知的,求用户的坐标 (x,y,z),如图 3.1 所示。

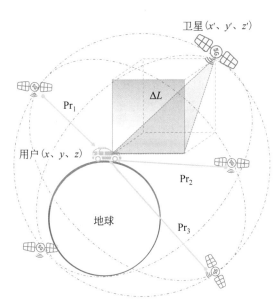

图 3.1　卫星定位原理

根据立体几何,可以计算出卫星和用户之间的距离:

$$\Delta L = \sqrt{(x-x')^2 + (y-y')^2 + (z-z')^2}$$

利用卫星播发信号。当用户接收到信号后,可以根据信号发射时间 t' 和本地时间 t 计算出信号传输时间 $(t-t')$,因为信号的传输速度几乎等同于光速 c,那么,卫星和用户之间的距离 ΔL 又可以通过下面的公式计算:

$$\Delta L = (t-t')c$$

即

$$(t-t')c = \sqrt{(x-x')^2 + (y-y')^2 + (z-z')^2}$$

现在已知每颗卫星的坐标,要确定用户的位置,相当于以每颗卫星为圆心确定一个球体,几个球体的交点就是用户的坐标。要估计用户的三维坐标,至少需要列 3 个观测方程。但由于卫星和用户接收设备两者间存在时钟误差,会使得卫星和用户接收设备之间的测量距离产生误差,实际在解定位方程时可以把时钟差当作一个未知量,此时方程中其实含有 4 个未知变量(三维位置坐标和时钟误差),所以目前用户接收设备需要获得至少 4 颗可见卫星,才可以求解出其自身的空间坐标。由此可得:

$$(t-t_i)c = \sqrt{(x-x_i)^2 + (y-y_i)^2 + (z-z_i)^2} \quad i=1,2,\cdots,n(n \geqslant 4)$$

通过上述方程组可以求出用户位置。若想求得更精确的位置,可将求出的值作为标称值,重新开始迭代计算,直至达到精度要求为止。

在智能网联场景中,往往需要进行实时高精度定位,然而影响定位精度的主要原因是误差,例如信号穿透电离层和对流层时产生的误差、卫星高速移动产生的多普勒效应引起的误差以及多径效应误差、通道误差、卫星时钟误差、星历误差、内部噪声误差等。为了降低误差水平、提高定位的反应速度,又出现了伪距差分定位、载波相位差分定位、精密单点定位等技术。

3.1.2 惯性导航

卫星导航技术虽然方便,但容易受到隧道、高架桥、密林小路、高楼窄道等路段的影响,造成定位信号中断的情况。此时就需要采用其他的辅助手段弥补卫星定位失效情况下的定位。惯性导航就是在卫星导航失效时的一种临时的辅助补充定位。

惯性导航系统(Inertial Navigation System,INS)是一种使用惯性测量单元(Inertial Measurement Unit,IMU)测量加速度以解算运载体位置信息的自主导航定位方法,该方法不向外部辐射能量,不依赖于外部信息,因而具备不与外界交互而自主独立工作的能力。惯性导航系统能实时、准确地测量位置、加速度及转动量(角度、角速度)等信息,是唯一可输出完整的六自由度数据的设备。其基本工作原理是:以牛顿力学定律为基础,利用惯性测量单元测量运载体的加速度及角速度信息,结合给定的初始运动条件,与全球导航卫星系统(Global Navigation Satellite System,GNSS)等系统进行信息融合,从而实时推算位置、速度、姿态等参数。

惯性测量单元是融合了陀螺仪、加速度计、磁力计和压力传感器的多轴组合。其中,陀螺仪用于获取运动体的角速度并测量其角度变化,加速度计用于获取运动体的线性加速度并测量其速度变化。惯性导航解算软件对角速度进行积分运算,解算出姿态矩阵并提取姿态信息,再利用姿态矩阵将加速度计测得的加速度信息变换至地理坐标系中,计算出运载体的速度和位置,进而实现对运载体运动参数的有效控制。惯性导航系统工作原理如图 3.2 所示。

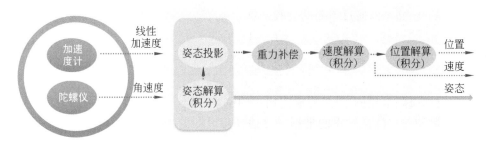

图 3.2　惯性导航系统工作原理

惯性导航技术具有强自主性、强抗干扰能力、不依赖外界信号等特点,同时可为运载体全面提供位置、速度、姿态等信息。但是,它存在误差累积等缺点,需要与其他定位方法优势互补,其中全球导航卫星系统＋惯性测量单元是最常见的智能网联的惯性导航组合方案,如图 3.3 所示。全球导航卫星系统在卫星信号良好时可实现厘米级定位,但在隧道、高架桥、地下停车场等遮挡或室内场景下不稳定或不可用,其定位精度会大幅下降。惯性测量单元即使在复杂工作环境中或极限运动状态下也可以进行准确定位。两者结合可实现应用场景和定位精度的互补。

全球导航卫星系统更新频率低(仅有 10Hz,其延迟达 100ms),不足以支撑实时位置更新;而惯性测量单元的更新频率超过 100Hz(其延时小于 10ms),可弥补全球导航卫星系统的实时性缺陷。因此,通过惯性测量单元与全球导航卫星系统的组合,可达到优势互

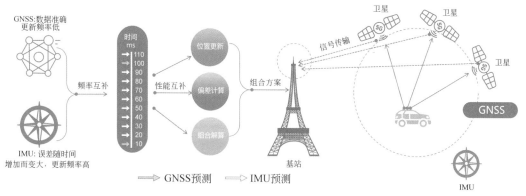

图 3.3　GNSS＋IMU 惯性导航组合方案

补的效果,大幅提升定位系统的精度。

3.1.3　环境特征匹配

　　环境特征匹配技术是利用激光雷达、视觉传感器等实时感知、测量并提取环境特征,与预先采集制作的基准数据进行匹配,从而得到车辆的位置和姿态。环境特征匹配技术需要其他定位技术提供初始位置,在当前的限定区域中匹配环境特征,以获得更优的定位结果。在智能网联技术中,常用的定位方案是基于激光点云的定位和基于视觉的定位。下面以基于激光点云的定位为例进行介绍。

　　基于激光点云的定位是利用激光雷达不断收集车辆在行驶过程中的环境信息(离散的点云数据),对测得的点云数据进行滤波(常用的滤波算法是直方图滤波算法和卡尔曼滤波算法),提取几何信息和语义信息作为地图语义要素,如图 3.4 所示,并结合车辆初始位置进行空间变换,获取基于全局坐标系下的矢量特征,接着将这些特征与高精度地图的特征信息进行匹配(常用的匹配算法是迭代最近点算法和正态分布变换算法),从而获得该车辆在高精度地图上的位置和行驶方向,如图 3.5 所示。

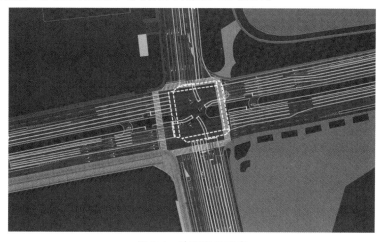

图 3.4　地图语义要素

图 3.5　基于激光点云的定位

环境特征匹配技术的优点是在没有全球导航卫星系统的情况下也可以工作,鲁棒性比较好;其缺点是需要预先制作地图基准数据,并且需要根据环境变化定期更新地图数据。

◇ 3.2　雷达传感技术

雷达传感器是为智能网联车辆提供环境感知、规划决策的智能传感器,其核心原理为通过发射微波、声波或激光并接收回波进行物体探测,是智能网联的核心传感器,相当于人的眼睛。常用的雷达传感器有超声波雷达、毫米波雷达及激光雷达,这 3 种雷达各有优缺点。单一类型的雷达传感器无法适应智能网联对感知精度、反应时间等性能的要求,多传感器融合已成为智能网联发展的必然趋势。

3.2.1　超声波雷达

超声波雷达是一种利用超声波测算距离的雷达传感器。它通过发射、接收超声波,根据时间差测算出车辆障碍物的距离,当距离过近时触发报警装置发出警报声以提醒驾驶员。

超声波雷达多采用 ToF(Time-of-Flight,飞行时间)方法进行障碍物体距离探测。其探测原理是:雷达传感器检测超声波到达探测物体表面并返回所需要的时间 T,再乘以超声波在空气中的传播速度 c 并除以 2,即可获得探测物体的相对距离 S,即

$$S = cT/2$$

超声波雷达原理如图 3.6 所示。

超声波雷达具备防水、防尘性能,通常探测范围为 0.1~3m,多应用于智能网联的低速测距场景,如倒车、泊车、盲区碰撞预警等。

图 3.6　超声波雷达原理

3.2.2　毫米波雷达

　　毫米波雷达利用发射的毫米波回波探测障碍物的距离、速度和角度,毫米波的波束呈锥状,探测角度大,是应用最为广泛的雷达传感器。毫米波雷达多采用 FMCW (Frequency Modulated Continuous Wave,调频连续波)技术进行障碍物体距离探测,部分固态激光雷达采用 ToF 技术。

　　毫米波雷达原理是利用发射信号和回波信号之间的频率差确定目标的距离。将发射波与反射波的频率进行比较,通过频率差即可得到毫米波到达探测物体表面所经过的距离,毫米波雷达原理如图 3.7 所示。

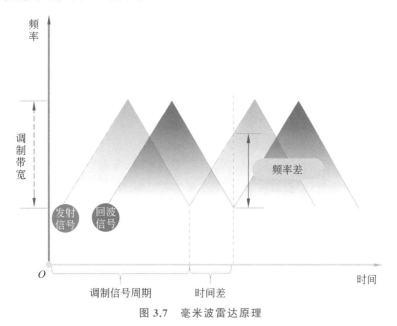

图 3.7　毫米波雷达原理

　　为了便于理解,这里假定目标物体是相对静止的,回波信号与发射信号波形相同。调制带宽用 ΔF 表示,调制信号周期用 T 表示,时间差用 τ 表示,频率差用 f_0 表示,光速用 c 表示,目标物体的距离用 R 表示。根据相似三角形的关系,可以得出

$$\frac{\tau}{f_0} = \frac{T}{2\Delta F}$$

将 $\tau = \dfrac{2R}{c}$ 代入上式，可得

$$R = \frac{cT}{4\Delta F}f_0$$

毫米波雷达频率范围为 $30\sim300\text{GHz}$，波长为 $1\sim10\text{mm}$，测距范围超过 200m，可以对目标进行有无检测、测距、测速以及方位测量。毫米波雷达按工作频段可以分为长距雷达（77GHz 以上频段，探测距离为 280m 左右）、中距雷达（76~77GHz 频段，探测距离为 160m 左右）和短距雷达（24GHz 频段，探测距离为 1~80m），毫米波雷达在车辆的部署情况如图 3.8 所示。在图 3.8 中，LRR、MRR 和 SRR 分别表示长距雷达、中距雷达和短距雷达。

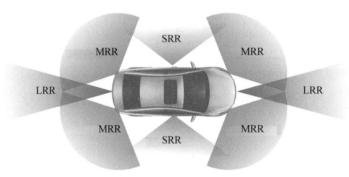

图 3.8　毫米波雷达在车辆的部署情况

长距雷达主要用于自动巡航、前向碰撞预警和自动紧急刹车等场景，中距雷达主要用于盲点识别、变道辅助、后方穿越车辆预警和后侧碰撞预警等场景，短距雷达主要用于停车辅助、障碍和行人检测、盲点监测、车道保持和自动泊车等场景。

毫米波雷达传输距离远，穿透性极强，能够穿过光照、降雨、扬尘、大雾等，可以准确探测物体，满足车辆全天候适应性的要求，很好地弥补了摄像头、激光、超声波、红外等其他传感器在智能网联中的不足，是 ADAS 的主要传感器，应用在不同的场景下可以实现不同的功能，也可以组合使用，实现多传感器的融合。

3.2.3　激光雷达

激光雷达（Light Detection And Ranging，LiDAR）是激光探测与测距系统的简称，它通过测定传感器发射器与目标物体之间的激光传播距离，分析目标物体表面的反射能量大小以及反射波谱的幅度、频率和相位等信息，从而呈现出目标物体精确的三维结构。激光雷达点云图如图 3.9 所示。

激光雷达采用的测距方法主要有 ToF 测距法、FMCW 测距法和三角测距法等。其中，ToF 测距法与 FMCW 测距法能够实现室外阳光下较远的测程（100~250m），是在智

图 3.9　激光雷达点云图

能网联场景中的优选方案。激光雷达的 ToF 测距法是通过直接测量发射激光与回波信号的时间差,基于光在空气中的传播速度得到目标物体的距离信息,具有响应速度快、探测精度高的优势;FMCW 测距法是将发射激光的光频进行线性调制,通过回波信号与参考光进行相干拍频得到频率差,从而间接获得飞行时间,反推目标物距离,具有可直接测量速度信息以及抗干扰(包括环境光和其他激光雷达)的优势。

激光雷达的扫描装置通过发射多线激光并控制雷达光轴指向不同方向,依次测量目标上各点的距离,同时记录光束指向的方位-俯仰角,得到目标的距离-角度-角度(Rang-Angle-Angle)图像,又称为三维图像。图像中每一个圈代表一个激光束产生的数据,激光雷达的线束越多,对物体的检测效果越好。激光雷达作为智能网联的重要感知设备之一,主要应用在对周围环境进行三维建模、获得环境的深度信息、识别障碍物、规划路径以及进行环境测绘等场景。

◈ 3.3　听觉传感技术

随着智能网联技术的发展,人与车的交互手段已从单一向多模交互方向发展。目前智能网联汽车的交互方式主要采用按键交互、触屏交互、语音交互、手势交互等多模交互。其中,语音交互是通过自动语音识别(Automatic Speech Recognition,ASR)技术和语音合成(即文字转语音,Text to Speech,TTS)技术先将语音转换成文字信息,进行自然语言理解(Natural Language Understanding,NLU),再将解析生成的内容转换为语音信息传达给驾驶员,从而实现语音交互,如图 3.10 所示。

在实际应用场景中,通常会使用麦克风阵列在特殊的驾驶环境下降低噪声干扰,从而提高语音识别的正确率。智能语音交互主要有自动语音识别、自然语言处理(Natural Language Processing,NLP)和语音合成 3 个关键技术点。

图 3.10   智能网联语音交互场景

3.3.1   自动语音识别

自动语音识别就是将语音转化为文本的过程,可分为输入、编码、解码和输出。其中,输入的是语音序列,编码就是把输入的语音序列转换为机器能识别的数字向量形式,解码是把数字向量转换为文本形式,最后输出的是识别的文本信息,如图 3.11 所示。

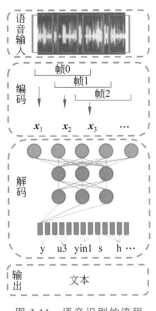

图 3.11   语音识别的流程

语音识别本质上是一种模式识别的过程,将未知语音的模式与已知语音的模式逐一进行比较,以最佳匹配的参考模式作为识别结果。假设输入的语音表示为 $\boldsymbol{X}=[\boldsymbol{x}_1,\boldsymbol{x}_2,$ $\boldsymbol{x}_3,\cdots]$,其中 $\boldsymbol{x}_i$ 表示一帧(frame)的特征向量;未知语音可能的文本序列表示为 $\boldsymbol{W}=$ $[\boldsymbol{w}_1,\boldsymbol{w}_2,\boldsymbol{w}_3,\cdots]$,其中 $\boldsymbol{w}_i$ 表示一个词,求 $\boldsymbol{W}^*=\underset{\boldsymbol{W}}{\arg\max}P(\boldsymbol{W}|\boldsymbol{X})$。由贝叶斯公式可得

$$P(\boldsymbol{W}\mid\boldsymbol{X})=\frac{P(\boldsymbol{X}\mid\boldsymbol{W})P(\boldsymbol{W})}{P(\boldsymbol{X})}$$
$$\propto P(\boldsymbol{X}\mid\boldsymbol{W})P(\boldsymbol{W})$$

其中,$P(\boldsymbol{X}|\boldsymbol{W})$ 表示给定一个文字序列的条件下出现这条音频的概率,是语音识别中的声学模型;$P(\boldsymbol{W})$ 表示出现这个文字序列的概率,是语音识别中的语言模型。目前语音识别的各种方法都是基于该框架建立声学模型和语言模型并进行最优解码的。

3.3.2　自然语言理解

自然语言理解对转换出的文本内容进行处理,针对用户语言中的意图、实体、情感和态度进行识别,以便后续系统对用户问题进行目标评估和答案输出,如图 3.12 所示。

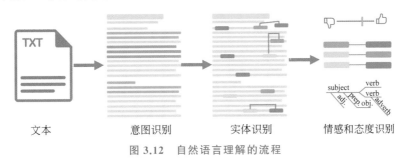

文本　　　　　　意图识别　　　　　实体识别　　　情感和态度识别

图 3.12　自然语言理解的流程

1. 意图识别

意图识别就是从用户的自然语言文本甚至语音信号中解析出用户意图的过程,是自然语言理解的第一步,也可以看作自然语言处理中的一个简单的文本分类任务。意图识别结果的准确与否直接决定了用户的使用体验。通常会将意图根据业务和使用场景事前定义好,根据覆盖领域、业务规模、细分程度的不同,总结归纳几十个到上百个意图。

2. 实体识别

实体是指人名、地名、数字、日期、号码等一类概念的实例。在具体的业务场景中,需要结合场景业务流程,配置自定义的实体。例如,"我想打开车内空调"是在"打开空调"意图下,假定预设了"制冷""制热""温度""风量"等实体,通过用户提供的信息进行实体识别。如果是缺失的实体,需要再通过语音交互进行收集后补充进去。

3. 情感和态度识别

情感识别是针对对话文本,识别出用户所表现出的情绪,一般包含积极、消极和中立3 种情绪;态度识别是针对对话文本,识别出用户所表现出的态度,一般包含肯定、否定和

中立 3 种态度。情感和态度的识别是根据用户的句式、句法判断的。

目前自然语言理解的各种方法都是基于该流程逻辑框架进行的,主流的方法有基于规则的方法、基于统计的方法和基于深度学习的方法。

3.3.3 语音合成

语音合成是将文本信息根据语言习惯转化为个性化语音输出,使语音流畅、自然,符合人类的语音模式和语调。在智能网联场景下,语音合成主要包括在导航、语音播报、智能客服和大多数语音交互场景中的通用语音合成和在智能座舱、实时信息播报、娱乐等场景中的个性化语音合成。

在语音合成技术中,主要分为前端的语言分析部分和后端的声学系统部分。语言分析部分主要是根据输入的文本信息进行文本结构与语种判断、文本标准化、文本转音素、句读韵律预测等处理;声学系统部分主要是根据语音分析部分提供的语音学规格书生成对应的音频,实现发声的功能。语音合成的流程如图 3.13 所示。

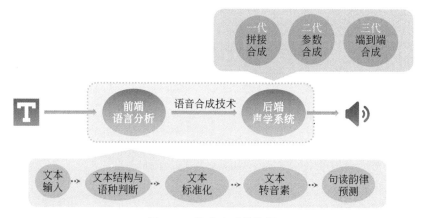

图 3.13　语音合成的流程

后端声学系统部分发展历程较长,从第一代的语音拼接合成,到第二代的语音参数合成,到第三代的端到端合成。其中,第三代的端到端合成增加了智能化程序,降低了训练素材需要标记的详细程度和难度,可批量实现多语种的合成系统,语音自然度高。

智能语音交互在车载端的主要应用场景包括导航场景、音乐/电台场景、电话场景、多媒体娱乐场景、系统控制类场景、车辆控制类场景、智能座舱场景等。使用智能语音交互避免了驾驶员分心,能够提升交互体验,保证行车安全。

3.4　视觉传感技术

在智能网联场景中,视觉传感技术是指用摄像头代替人眼对目标(车辆、行人、非机动车、交通标志标牌、红绿灯、车道线等)进行定位、识别、跟踪和测距,感知车辆周边的障碍物以及可驾驶区域,理解道路标志的语义,从而对当下的驾驶场景进行完整描述。视觉应用场景如图 3.14 所示。

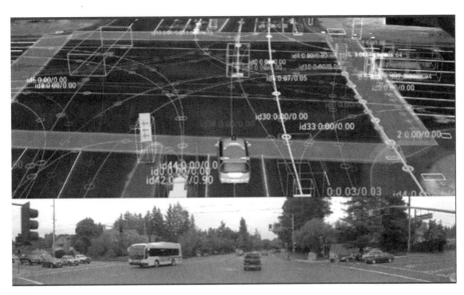

图 3.14　视觉应用场景

资料来源：Waymo 无人车技术方案

3.4.1　视觉定位

视觉定位一般是利用摄像头或激光雷达等视觉传感器获取视觉图像，再提取图像序列中的一致性信息，根据一致性信息在图像序列中的位置变化估计车辆的位置。视觉定位所需的地图语义要素的示例如图 3.15 所示。

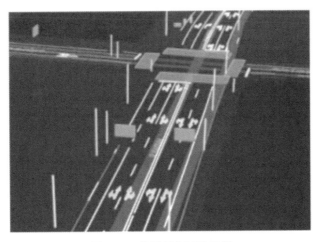

图 3.15　地图语义要素示例

视觉定位所采用的策略可分为基于路标库和图像匹配的全局定位、同时定位与地图构建（Simultaneous Localization And Mapping，SLAM）、基于局部运动估计的视觉里程计 3 种。视觉与地图匹配定位示例如图 3.16 所示。

图 3.16　视觉与地图匹配定位示例

3.4.2　目标识别

　　目标识别是利用计算机视觉观测交通环境,从实时视频信号中自动识别出目标,为实时自动驾驶(如启动、停止、转向、加速和减速等操作)提供判别依据。目标识别是智能网联场景中的重要任务之一,包括道路及道路边沿识别、车道线检测、车辆识别、车辆类型识别、非机动车识别、行人识别、交通标志识别、行驶区域识别、障碍物识别和光流识别等。

　　目标识别本质上是一个基于分类的识别问题,即在所有给定的图像中识别出指定的几类目标对象。传统的目标识别流程如图 3.17 所示。

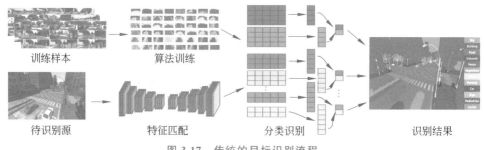

图 3.17　传统的目标识别流程

　　训练样本包括正样本(待识别的目标样本)和负样本(不包含目标的样本);算法训练是将原始的数据样本转化为能反映分类本质的特征模式,如颜色特征、纹理特征、形状特征、空间特征等(常用的特征提取方法有 SIFT、SURF、ORB、HOG、LBP、HAAR 等);用训练样本训练分类器(常用的分类识别算法有朴素贝叶斯、KNN、SVM、Adaboost、Fast-RCNN、YOLO、SSD、AttentionNet 等)。在进行目标识别时,对待识别源进行预处理,并与已提取的目标特征模型通过匹配算法进行分类识别,最后输出识别结果。

　　智能网联车载端的视觉感知主要是通过车载摄像头完成的。车载摄像头分为单目摄像头、双目摄像头、三目摄像头和多目摄像头。单目摄像头主要用于感知和判断周边环境,识别车辆、路标、行人等固定物体和移动物体;双目摄像头主要用于对物体距离和大小的感知,进而感知周边环境,可通过视差和立体匹配计算精准测距;三目摄像头主要用于需要多角度摄像或切换焦距的场景中,计算量大,对芯片的数据处理能力要求高;多目摄像头主要用于交通场景的合景拼接等。以车载摄像头为主的目标识别应用场景如表 3.1所示。

表 3.1　以车载摄像头为主的目标识别应用场景

辅助驾驶功能	摄像头的使用类型	功　　　　能
车道偏离预警(LDW)	前视	识别车道线,当车偏离车道时预警
前向碰撞预警(FCW)	前视	识别前车,当车与前车过近时预警
交通标志识别(TSR)	前视、侧视	识别当前道路两侧的交通标志
车道保持辅助(LKA)	前视	识别车道线,当车偏离车道时会自动纠正方向
行人碰撞预警(PCW)	前视	当摄像头识别出行人时预警
盲点监测(BSD)	侧视	识别场景,利用侧视摄像头找到盲区影像,显示在驾驶舱屏幕上
全景泊车(SVP)	前视、后视、侧视	识别场景,利用车辆前视、后视和侧视摄像头获取的影像,采用图像拼接技术,输出车辆周边的全景图像
泊车辅助(PA)	后视	识别停车位,泊车时显示倒车轨迹方便驾驶员泊车
驾驶员注意力监测	内置	识别眼角,检测驾驶员闭眼等行为

3.4.3　目标跟踪

目标跟踪是通过给定目标在视频中某一帧的状态(位置、尺寸等)估计该目标在后续帧中的位置、形状、所占区域等状态,从而确定跟踪目标的运动速度、方向及轨迹等运动信息。在实际应用场景中,往往存在跟踪目标被遮挡、光照变化、目标本身形变、背景杂乱、视点变化、运动模糊等复杂因素,造成目标跟踪的稳定性和准确性大大降低。目前目标跟踪技术仍然存在很多问题有待解决。

目标跟踪首先会进行目标初始化,即在视频帧中选中目标区域,通常会绘制目标的边界框;其次会对目标进行视觉特征建模,包括在运动、尺度、光照、视点变化等情况下的特征描述;然后对目标进行运动评估,即通过算法预测后续帧中目标可能出现的区域;最后进行目标定位,即给出目标可能出现的区域,从而实现目标跟踪。目标跟踪流程如图 3.18所示。

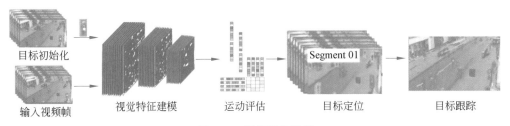

图 3.18　目标跟踪流程

目标跟踪技术主要应用于以下 3 方面：在驾驶人方面，可对驾驶人眼神、表情、手势、姿态、动作等进行定位和跟踪，再经进一步分析和理解，可获得驾驶人的高级语义信息，为人-车交互提供重要的感知信息；在车辆方面，利用摄像头对周围环境和运动物体进行检测和跟踪，为车辆的智能导航提供重要的感知信息；在智能交通方面，可实现对车辆实时检测和跟踪，并获取车辆的流量、车速、车流密度、道路拥堵状况等信息，为智能网联提供重要的动态场景信息。图 3.19 展示了目标跟踪技术在场景理解上的应用。

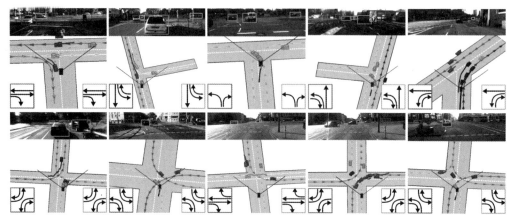

图 3.19   目标跟踪技术在场景理解上的应用

以路口的交通信息为例，通过目标跟踪技术不仅可以实现对车辆方向、速度、车道流量等信息的采集，而且可以基于场景中不同元素、交通参与者之间的关系更直观地展示出当前交通的状态和各种详细信息，实现对交通场景的理解，体现了视觉技术对于智能网联的重要性。

3.4.4   目标测距

目标测距技术是通过摄像传感器采集测量图像，利用图像信息与目标空间内几何信息间的精确映射关系实现测量。在智能网联场景中，通常使用目标测距技术测量障碍物、车辆、交通标志的距离和速度。

目前使用视觉技术进行目标测距的主流方案是单目测距和双目测距，其共同点都是通过摄像传感器采集图像数据，然后从图像信息与目标空间内几何信息间的精确映射关系实中测得距离信息。单目测距的原理是先通过图像匹配进行目标识别（各种车型、行人、物体等），再通过目标在图像中的大小估算目标距离。单目测距原理如图 3.20 所示。

图 3.20   单目测距原理

采用单纯的单目测距,必须已知一个确定的长度。假设已知目标实际高度为 H,目标所在平面与摄像传感器平面的距离为 d,摄像传感器的高度为 h,摄像头的焦距为 f。根据相似三角形性质可得

$$\frac{d}{f} = \frac{h}{H}$$

由于变量 h、f、H 可知,则可求出 d,即前方目标距离。这里的前提条件是要对目标进行准确识别,然后要建立并不断维护一个庞大的样本特征数据库,并且要保证这个数据库包含待识别目标的全部特征数据。如果缺乏待识别目标的特征数据,就无法估算目标的距离。在智能网联的车载端,单目测距方案的摄像传感器为一个单目摄像头,通常内嵌于车内后视镜中。

双目测距的原理是通过对两幅图像视差的计算,直接对前方景物(图像所拍摄到的范围)进行距离测量,而无须判断前方出现的是什么类型的障碍物,如图 3.21 所示。

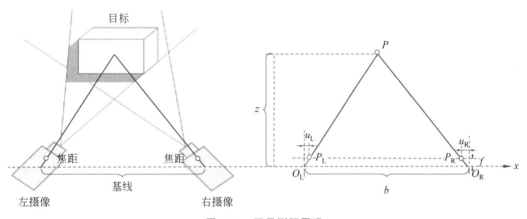

图 3.21　双目测距原理

其中,左右两个摄像传感器的焦距相同为 f,z 为目标距离,b 为两个摄像传感器之间的基线宽度。根据三角形 PP_LP_R 和三角形 PO_LO_R 的相似关系,可得出

$$\frac{z-f}{z} = \frac{b - u_L + u_R}{b}$$

从而可推导出

$$z = \frac{fb}{u_L - u_R}$$

即 z 为所求的目标距离。

由前面的推理可看出,依靠两个平行布置的摄像传感器产生的视差,把同一个目标所有的点都找到,依赖精确的三角测距,就能够算出摄像传感器与前方目标的距离。使用这种方案,需要两个摄像传感器有较高的同步率和采样率。在智能网联的车载端,双目测距方案的摄像传感器为一个双目摄像头,通常置于车内后视镜上方挡风玻璃处。

◆ 3.5 姿态传感技术

智能网联的车载端会用到姿态传感器,其中最常用的姿态传感器是惯性测量单元(IMU)。它是一种不需要外部参考的可测量三维线运动及角运动的装置,即测量物体三轴姿态角(或角速度)以及加速度的装置。惯性测量单元通常包含陀螺仪(gyroscope)、加速度计(accelerometer),有的还包含磁力计(magnetometer)。陀螺仪用来测量三轴的角速度,加速度计用来测量三轴的加速度,磁力计提供朝向信息,如图 3.22 所示。

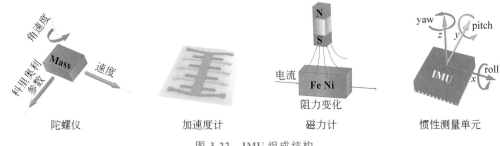

陀螺仪 　　　　　加速度计 　　　　　磁力计 　　　　　惯性测量单元

图 3.22　IMU 组成结构

根据这些信息,即可计算出车辆的姿态(俯仰角和滚动角)、航向、速度和位置变化。

惯性测量单元在任何天气和地理条件下都能正常工作,不会因为恶劣天气、透镜污垢、雷达和激光雷达信号反射或城市峡谷效应而失效,可用于航位推算,验证来自其他传感器的信息,作为其他传感器数据缺失时的有效补充。例如,当自动驾驶车辆驶入高楼林立的区域,全球导航卫星系统(GNSS)和高级驾驶辅助系统中的其他传感器失效时,惯性测量单元可以发挥其延续绝对定位的作用,如图 3.23 所示。

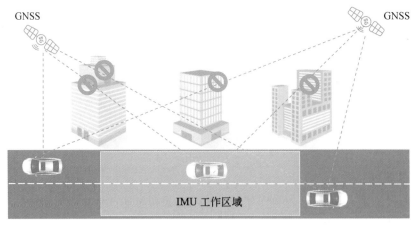

图 3.23　全球导航卫星系统定位失效场景

图 3.23　（续）

当自动驾驶车辆利用车道线识别功能时,如果遇到强烈太阳光照射而使视觉失效,惯性测量单元可以发挥其延续相对定位的作用,确保车辆在一段时间内继续行驶在车道中,如图 3.24 所示。

图 3.24　视觉失效场景

图 3.24　（续）

❖ 3.6　实践与练习

3.6.1　多模态感知系统

　　环境感知技术依赖的定位传感器、雷达传感器、听觉传感器、视觉传感器、姿态传感器等可对行驶路径、行驶环境、周围障碍物等进行感知,如实现对交通标志、标线、标牌、信号灯、车道线、路障、行人、道路情况、天气情况等方面的感知。然而,单一种类的传感器在复杂交通环境感知中的信息丰富度和维度是有限的,无法准确、稳定地感知目标。因此可通过多模态感知系统的冗余互补来弥补单一传感器的不足。

　　本实验提供了多传感器仿真场景,如图 3.25 所示。请根据仿真平台提供的相应接口实现对车辆、场景、天气的感知仿真,并结合传感器数据实现限速标志识别及响应、停车让

仿真场景

图 3.25　多传感器仿真场景

行标志标线识别及响应、车道线识别及响应、人行横道线识别及响应、机动车信号灯识别及响应、晴雨雾天气环境仿真等。

3.6.2 仿真实现

首先,将实验对象划分为 3 类,分别是车辆、场景和天气。其次,根据仿真平台提供的接口协议,分别实现对车辆、场景和天气的管理。

1. 车辆管理

车辆管理可以选择接管车辆的模拟终端,然后,可以使用模拟终端控制该车辆。利用"显示编号"按钮可以控制是否在车辆上方显示车辆的编号。利用"显示状态"按钮可以打开和关闭显示车辆实时状态的面板。选择车辆后,可以利用"观察视角"按钮切换视角,视角有"自由视角"和"跟随视角"。车辆管理如图 3.26 所示。

车辆管理

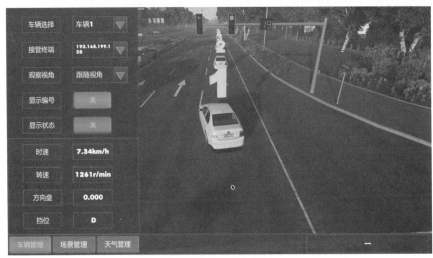

图 3.26   车辆管理

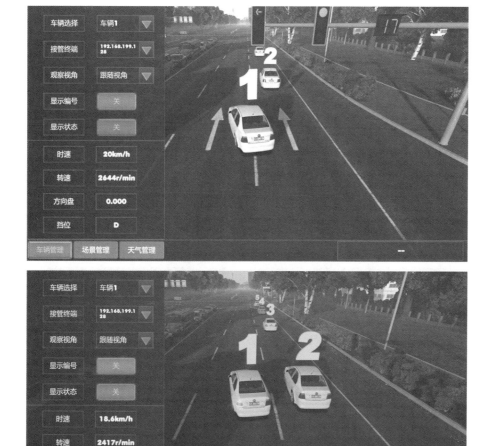

图 3.26　（续）

2. 场景管理

场景管理可以管理场景中车辆的位置。选择场景中的一个位置可以预览该位置,单击"应用"按钮会把当前选择的车辆应用到场景对应的位置,下方菜单栏会显示当前车辆所在的场景。单击"重置车辆位置"按钮可以把所有可操作车辆的位置重置到初始位置。单击"切换场景"按钮可以选择场景进行切换。场景管理如图 3.27 所示。

3. 天气管理

天气管理可以管理场景的天气。选择一个天气后,单击"切换天气"按钮就可以切换当前场景的天气,此时模拟终端的天气也会随着切换。天气管理如图 3.28 所示。

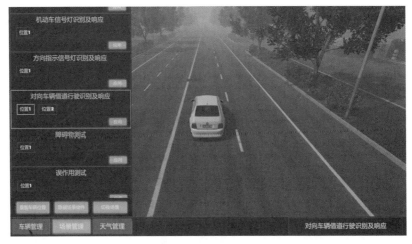

图 3.27　场景管理

图 3.28　天气管理

高精度定位与高精度地图

高精度定位与高精度地图一般结合在一起使用,是智能网联的共性基础技术,为车辆提供实时高精度定位、路线规划、道路感知、驾驶控制等支持。

◆ 4.1 高精度定位技术

高精度定位技术是智能网联技术中不可或缺的核心技术之一,在对车辆横向/纵向精确定位、障碍物检测与碰撞避让、智能车速控制、路径规划及行为决策等方面发挥着重要的作用。传统的基于全球导航卫星系统(GNSS)或传感器等的单一技术难以满足现实复杂环境中车辆高精度定位的要求,无法保证智能网联定位的稳定性。因此,还要通过其他一些方法,如差分定位技术、精密单点定位技术,并辅以惯性测量单元、高精地图、视觉特征等以满足高精度定位需求。

4.1.1 差分定位技术

差分定位技术也称实时动态(Real Time Kinematic,RTK)定位技术,是采用载波相位观测值进行实时动态相对定位的技术。它利用两台以上接收机(一台基准站接收机和一台或多台移动站接收机)同时观测卫星信号,将其中一台接收机置于基准站上,将另一台或几台接收机置于载体(称为移动站)上,基准站和移动站的接收机不断地对相同的卫星进行监测,并且在移动站接收到卫星信号的同时,基准站通过数据链将载波相位测量值实时发送给移动站接收机,移动站接收机对自身的载波相位测量值与来自基准站的载波相位测量值实时进行数据处理,解算出自身的空间坐标,完成高精度定位,载波相位差分的定位精度可达到厘米级。差分定位技术原理如图4.1所示。

利用误差的空间相关性(即在一定基线距离条件下,两台接收机观测同一颗卫星的误差基本相同)进行差分计算,可以有效地消除或降低两站接收机间的公共误差部分,包括星钟误差、星历误差、电离层误差和对流层误差,从而提高接收机的定位精度。

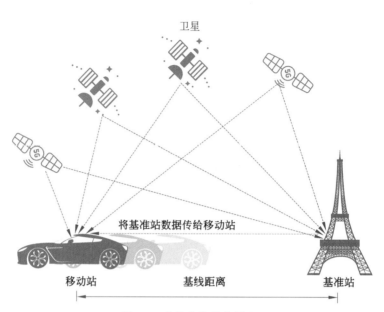

图 4.1　差分定位技术原理

4.1.2　精密单点定位技术

精密单点定位(Precise Point Positioning,PPP)是一种基于状态空间域改正信息的高精度定位模式。从技术发展形势看,它融合了标准单点定位技术和广域差分技术,在建立少数连续运行参考站(Continuously Operating Reference Station,CORS)的情况下,就可以在全球参考框架下达到厘米级的定位精度。精密单点定位技术原理如图 4.2 所示。

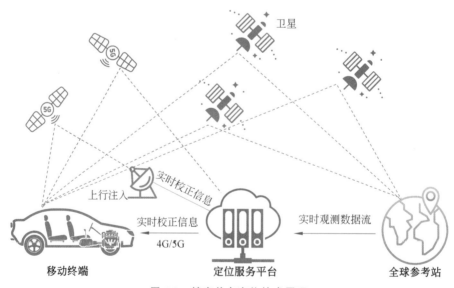

图 4.2　精密单点定位技术原理

精密单点定位技术的具体实现原理是：利用全球参考站的全球导航卫星系统观测数据计算出精密卫星轨道和卫星钟差，对单台全球导航卫星系统接收机所采集的相位和观测值进行定位解算，为全球任意位置的用户提供可靠的分米级甚至厘米级定位精度的服务。由于广域差分技术修正系统通过地球同步通信卫星建立通信链路，所以用户无须搭建本地参考站或进行数据后处理，就可直接获得较高的定位精度。

差分定位技术需要架设基站，因此作业方式不灵活，成本也较高，而且定位精度会受到基准站和移动站之间距离的限制。而精密单点定位是一种全球尺度的定位技术，只需要单台接收机，无须架设地面基准站，作业距离不受限制，成本较低，已逐渐成为卫星导航领域的热点研究方向之一。但由于精密单点定位存在收敛速度慢及在运动或复杂环境下信号易受遮挡和干扰的问题，因此其实时性、连续性和可靠性较差，这严重阻碍了其在动态场景中的应用。

4.1.3 PPP-RTK 技术

PPP-RTK 是最新一代的全球导航卫星系统校正服务，其基本思想是融合精密单点定位和差分定位两种技术的优势，将差分定位的精确度与精密单点定位的广播性质相结合，利用局域网观测数据，精化求解相位偏差、大气延迟等参数，重新生成各类改正信息，并单独播发给移动站使用。PPP-RTK 技术原理如图 4.3 所示。

图 4.3　PPP-RTK 技术原理

参考网络每隔 150km 就有一个站点，收集全球导航卫星系统数据并计算出定位校正模型。然后通过互联网、卫星或电信服务向该地区的用户广播这些校正数据。订阅接收机使用广播校正模型推导其特定位置的校正，从而使定位达到亚分米级精度。

3 种定位技术的比较如图 4.4 所示。

在图 4.4 中，从收敛速度、定位精度、覆盖范围 3 个维度进一步对比了 3 种定位技术的导航与位置服务，差分定位技术收敛速度最快、定位精度高，覆盖范围有限；精密单点定位技术收敛速度慢、定位精度高，覆盖范围广；PPP-RTK 介于前两者之间。

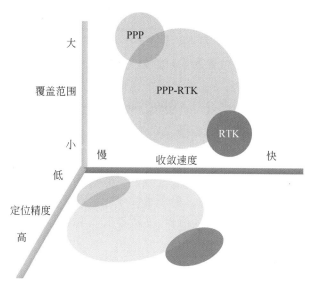

图 4.4　3 种定位技术的比较

◆ 4.2　高精度地图

4.2.1　基本特征

　　高精度地图与传感器一样,已经成为智能网联技术的关键组成部分,但与普通电子地图不同的是,高精度地图是高精度、多数据维度、高动态的电子地图。高精度地图与普通电子地图的比较如图 4.5 所示。

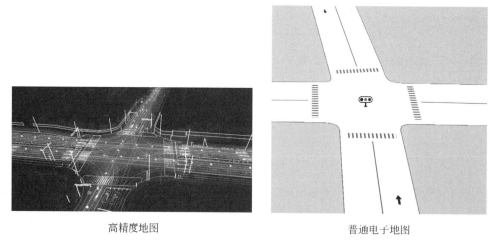

高精度地图　　　　　　　　　　　　　　　　普通电子地图

图 4.5　高精度地图与普通电子地图的比较

　　高精度地图的高精度主要体现在地图的绝对坐标精度更高(绝对坐标精度指的是地图上某个目标和真实的外部世界事物的坐标之间的误差),可以精确到厘米级别;多数据维度主要体现在高精度地图所含有的道路交通信息元素更丰富和细致;高动态主要体现在高精度地图对数据的实时性要求较高,更新频率更快,半动态数据更新间隔为1min左右,动态数据更新间隔为1s左右。高精度地图与普通电子地图具体的对比如表4.1所示。

表 4.1　高精度地图与普通电子地图的对比

对　比　项	高精度地图	普通电子地图
辅助对象	机器	人
绝对坐标精度	厘米级	米级
要素和属性	详细	无
更新频率	高	低
红绿灯情况	详细(即时)	简略(非即时)
车道限速情况	详细	无
其他交通参与者信息	详细	简略(只展示是否拥堵)
交通参与物信息(绝对坐标、尺寸)	详细	简略

4.2.2　构成要素

高精度地图按包含的信息划分,可分为道路信息、规则信息、实时信息3部分,如图4.6所示。

道路信息　　　　　　　　　　　　　　　　规则信息和实时信息

图 4.6　高精度地图包含的信息

其中,道路信息包含车道模型、道路部件、道路属性3部分;规则信息与实时信息则是叠加在道路信息之上的,包含对驾驶行为的限制以及从智能网联系统获取的实时道路信息。高精度地图包含的信息分类如表4.2所示。

表 4.2　高精度地图包含的信息分类

信　息　类　型		说　　明
道路信息	车道模型	车道线、曲率、坡度、航向、车道属性、连通关系等
	道路部件	路面、路缘石、栅栏、交通标志、交通灯、电线杆、龙门架等
	道路属性	车道数、失锁区域、道路施工状态等
规则信息		车道限速标志、限行限号信息、禁止掉头标志等
实时信息		道路拥堵情况、施工情况、是否有交通事故、交通管制情况、天气情况等

　　如表 4.2 所示的车道模型、道路部件、道路属性、规则信息、实时信息等数据将被简化并抽取出来,补充到几何构建的道路结构中,形成新的高精度地图向量数据。

　　其中,车道模型中包含车道线、曲率、坡度、航向、横坡、车道属性、连通关系等信息,如图 4.7 所示。

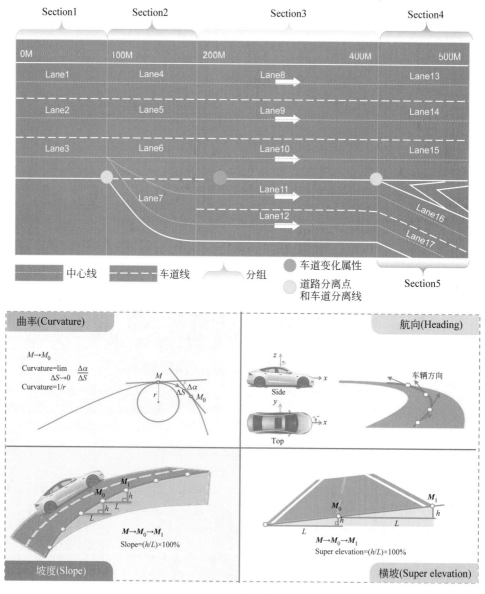

图 4.7　车道模型

资料来源:高德高精度地图

　　车道模型中的车道线、车道属性、连通关系等信息结合交通规则信息,可辅助自动驾驶车辆实现横向定位;通过车载传感数据与交通标志等道路部件信息,可以修正车辆纵向定位和航向;通过曲率、坡度、航向、横坡等参数可以对车辆准确转向、制动、爬坡等行为进行决策。例如,自动驾驶车辆基于车道模型在虚线区域内进行并线,在车道分离点前完成变道,如图 4.8 所示。

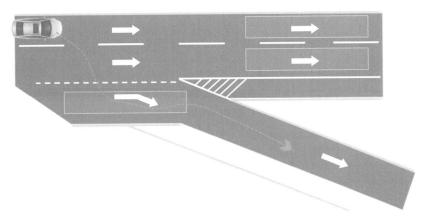

图 4.8　车辆并线时的路径规划

高精度地图通过不同的图层分别描述场景,然后将图层叠加,形成完整的场景地图。从地图结构的分层来看,目前业界并没有达成共识,但整体上包括车道级路网层、定位层和动态地图层,如图 4.9 所示。

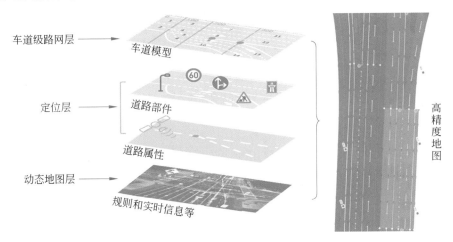

图 4.9　高精度地图的分层结构

(1) 车道级路网层(road model)为车辆提供准确的道路信息,对道路边缘、道路模型、车道模型以厘米级的高精度数据精准描述,例如,路面的几何结构,道路标示线的颜色与形状,每个车道的坡度、曲率、航向、高程等数据属性,道路隔离带等信息及其所在位置,等等。

(2) 定位层(localization model)主要记录具备独特定位意义的目标和特征,例如交通标志、地面标志、灯杆等,记录的内容包括绝对坐标、属性、几何轮廓等,用来和其他车辆传感器感知结果进行匹配,推算车辆位置。在这里需要注意的是,在不同场景下定位层所记录的目标和特征不同。

（3）动态地图层（lane model）主要用于自动驾驶汽车感知当前道路和交通状况并进行路线规划，但只有当车辆在地图中准确定位时，动态地图层才能辅助车辆进行环境感知。动态地图层一般包括高精度几何模型、车道属性、交通法规、道路设施、车道连接关系等信息。

4.2.3　制作和更新

高精度地图的制作流程大体可分为 4 个步骤，包括数据采集、数据处理、要素识别和人工验证，如图 4.10 所示。

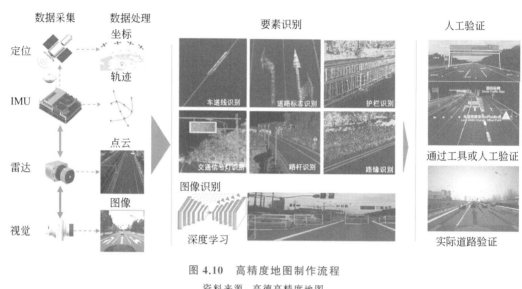

图 4.10　高精度地图制作流程
资料来源：高德高精度地图

（1）数据采集。

数据采集需要依靠采集车，它不仅用于地图数据采集，还用于地图的维护和更新。采集车的主要采集设备有全球导航卫星系统、惯性测量单元、高精度轮速计、激光雷达以及摄像机等，如图 4.11 所示。

其中，全球导航卫星系统可以提供车辆的绝对坐标，惯性测量单元和轮速计可以提供车辆的相对位置信息，激光雷达点云和摄像头可以提供车辆周围的三维环境信息。采集车采集数据输出的结果包含高精度轨迹、激光雷达点云数据和图像等信息。

（2）数据处理。

数据采集完毕后，需要对数据进行预处理，包括数据抽取、时间对齐、图像去畸变和点云去畸变等过程，从而获得没有任何语义信息或注释的初始地图模板。其中，时间对齐可以将所有数据统一到同一时刻，进行数据融合，图像去畸变可以减少图像本身的伸缩和旋转，使图像数据更加精准；点云去畸变可以减少激光雷达转动带来的误差。

（3）要素识别。

由于采集车的自动化程度不高，无法采集道路上没有车道线的部分的信息，也无法理解停止线和红绿灯的关联关系等逻辑信息，因此需要利用深度学习的方法对其采集的数

图 4.11 高精度地图采集车（以 Apollo 采集车为例）

据进行语义信息提取，提取的信息包括地面、车道线、红绿灯、道路标牌、电线杆和车辆等。
在高精度点云地图的基础上，还可以在已建立的车道线模型上融合底图、图像和激光雷达
点云数据，生成高精度地图。

（4）人工验证。

经过全自动识别生成高精地图后，由于自动化处理的数据不能保证百分之百准确，还
需要进行人工检查和交互式识别补充，例如，对一些没有车道线的复杂路口，需要补充虚
拟车道和交通规则逻辑关系等信息。

目前高精度地图的更新方式有两种，一种是利用采集车进行实时更新，另一种是利用
众包模式进行更新，如图 4.12 所示。

图 4.12 高精地图更新方式

第一种更新方式与高精度地图的制作过程相似。第二种更新方式把高精度地图更新
的任务交给道路上行驶的车辆，利用车载传感器实时检测环境变化（主要是路面和路标等
数据），并与高精度地图进行比对，当发现道路发生变化时，将收集的道路数据传到云平台
进行数据融合，并通过数据聚合的方式提高数据精度，以完成高精地图的更新。第二种更
新方式包括行业采集和社会采集两部分。

4.2.4　高精度地图的作用

在智能网联场景中,高精度地图不仅对自动驾驶车辆起到关键作用,而且对车、路、人、环境之间的相互关系起到非常重要的作用。高精度地图主要有定位、辅助环境感知、辅助路径规划和辅助决策等功能。

1. 定位

高精度地图相较于普通电子地图提供了更加丰富的语义信息,不仅包含车道线、坡度、曲率、航向、车道属性、连通关系等车道模型信息,还包括路面、两侧或上方的大量静态定位对象,这些元素均包含精确的位置信息,通过激光雷达、相机和毫米波雷达识别出地图上的各类静态对象,结合高效率的匹配算法,高精度地图能够实现更大尺度的定位与匹配,如图 4.13 所示。

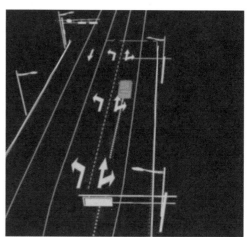

图 4.13　定位与匹配

资料来源:高德高精度地图

2. 辅助环境感知

通过对高精度地图模型的提取,可以将车辆位置周边的道路、交通、基础设施等对象及对象之间的关系提取出来,弥补传感器对环境探测的感知局限,提高车辆对周围环境的感知能力,如图 4.14 所示。

3. 辅助路径规划

高精度地图可作为规划决策的载体,路口红绿灯状态、道路交通流量、路网变化情况以及车辆传感器信息等都可以传递至高精度地图。当交通信息发生实时变化时,高精地图能在云端的辅助下对最优路径做出实时更新,实现最优路径规划,如图 4.15 所示。

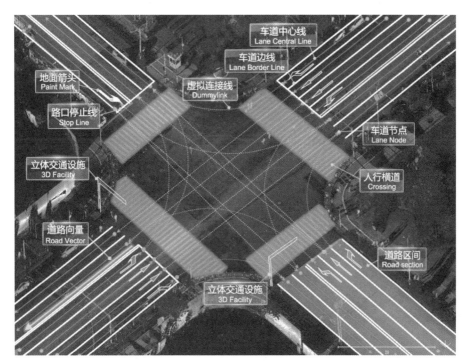

图 4.14 辅助环境感知

图 4.15 辅助路径规划

4. 辅助决策

高精度地图中准确地记录了各个车道之间的关联关系、可通行规则和交通规则。例如,在车辆和行人交错的复杂路口等智能网联场景下,通过高精度地图记录的交通规则信息,实现对路口车辆及行人的行为预测,从而得到更优的决策结果。又如,在行驶车道障碍物避让场景下,通过高精度地图可获得障碍物所在车道位置或者红绿灯等信息,预测障碍物可能的运行轨迹,从而为决策提供辅助信息,如图 4.16 所示。

图 4.16　辅助决策

4.3　面向复杂场景的融合方案

根据应用场景以及定位性能的需求不同,对高精度定位和高精度地图的要求会有所不同。下面将通过几个具体的复杂场景实例加以说明。

4.3.1　视觉/雷达传感受限场景

在智能网联的很多场景中,如雨雪天、车道线磨损、高楼遮挡或雾霾天气等,视觉以及激光雷达传感器都会有一定程度的失效,如图 4.17 所示。为了保证行车安全,建立有效冗余机制,就需要高精度地图弥补传感器的不足。

图 4.17　视觉/雷达传感受限场景

在这类场景中,要求高精度地图的绝对坐标精度更高,并且包含的信息元素更丰富和细致。具体方案是:在静态高精度图层添加具有更加丰富的语义信息的车道模型、道路部件、道路属性 3 类向量信息,并在静态高精度图层的基础之上建立动态高精度图层,该图层主要包括实时动态信息,既有道路拥堵情况、施工情况、是否有交通事故、交通管制情况、天气情况等其他交通参与者的信息,也有红绿灯、人行横道等交通参与物的信息。图 4.18 给出了一种在视觉/雷达传感受限场景下的解决方案。

图 4.18　视觉/雷达传感受限场景下的解决方案

4.3.2　卫星定位受限场景

卫星导航定位容易受到隧道、高架桥、密林小路、高楼窄道等路段的影响,从而造成定位信号中断。此时就需要临时采用其他的辅助手段以弥补卫星定位失效情况下的车道级定位。这种场景下可以采用 GNSS+IMU 的紧耦合提供绝对位置,高精度地图、激光雷达或视觉环境特征匹配提供相对位置的综合定位方案,即使用“绝对位置+相对位置”的方案解决卫星定位受限的场景,如图 4.19 所示。

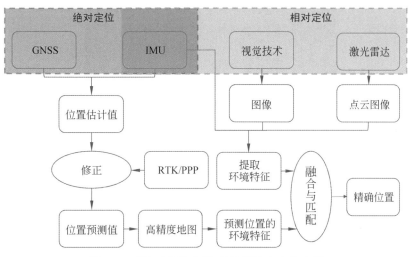

图 4.19　“绝对位置+相对位置”综合定位方案

首先利用车辆自带的 GNSS 和 IMU 传感器做出大的位置判断,然后从高精度地图中获取该位置附近的环境特征,最后预测位置的环境特征与激光雷达点云图像或视觉图像提取的环境特征在一个坐标系内进行匹配融合,匹配成功后输出车辆的精确位置。

◈ 4.4 实践与练习

4.4.1 绘制高精度地图

传统的地图是采用卫星图片和GPS联合标定的,这种方法一般能达到米级的定位精度。而高精度地图一般要求是厘米级精度,因此需要利用移动采集设备进行数据采集、数据处理、要素识别和人工验证等过程,完成高精度地图的制作。

本实验提供一个由编者研发的轻量级高精度地图编辑器,该编辑器支持航拍照片或激光点云图像导入,如图4.20所示。

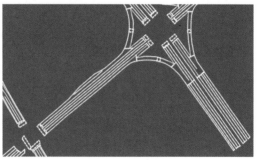

图 4.20 轻量级绘制高精度地图编辑器

请根据提供的素材,实现真实场景的高精度地图绘制。

4.4.2 实现过程

高精度地图的绘制过程如下:

首先,将航拍照片导入高精度地图编辑器。

然后,利用高精度地图编辑器提供的功能,准确识别道路形状、车道线、交通标志、坡度、高程、侧倾等详细的道路信息和丰富的地理要素,并实现对路口待转区、潮汐车道、公交车道、可变车道、HOV车道等特殊车道的绘制。

最后,将制作完成的地图保存。

高精度地图绘制过程如图4.21所示。

高精度地图
绘制过程

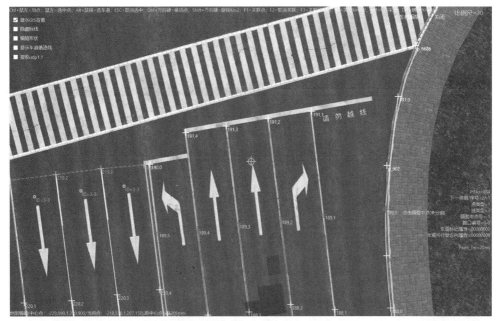

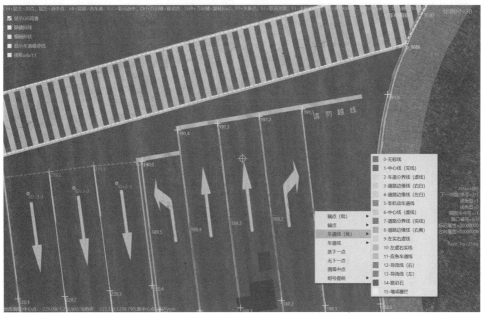

图 4.21　高精度地图绘制过程

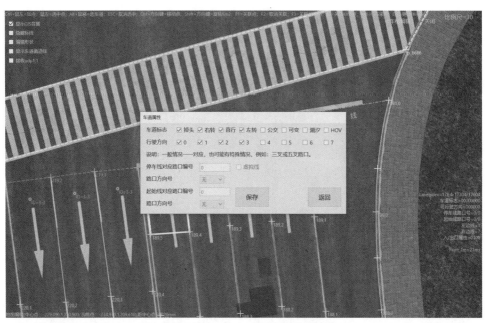

图 4.21 （续）

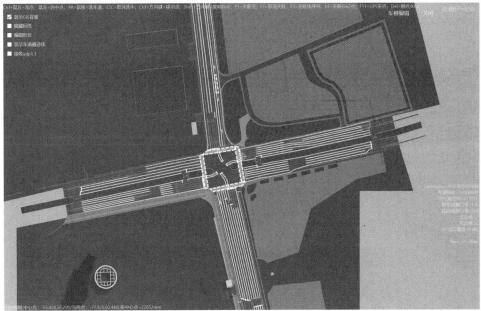

图 4.21 （续）

第 5 章

智能决策与协同控制关键技术

智能决策与协同控制技术是智能网联的关键技术之一,其实现的基础是在全时空动态交通信息采集与融合的基础上对目标车辆行为及运动的预测、规划、推理、决策、控制等,充分实现人、车、路的有效协同,形成安全、高效和环保的道路交通系统。

◆ 5.1　协 同 感 知

协同感知不仅依赖于来自车辆的感知信息,而且需要智能道路设施对周边交通环境信息的实时感知,这些信息包括道路标识、交通信号灯、可变信息交通标识牌、道路交通事故、道路施工、道路信息、天气环境信息、车辆姿态信息、行人信息、静态交通状态及动静态障碍物感知与识别、车辆自身的感知信息等,将这些信息根据相应场景进行感知互补和融合,获取连续时间空间的"人-车-路-环境"全域感知信息,为智能网联车辆提供丰富、全面的信息和决策依据。下面通过具体的场景介绍协同感知。

人们经常会遇到由于前方大车遮挡而无法识别前方的交通参与者、信号灯或者交通运行状况的时候。这样会造成前方视野盲区,从而对行人闯入、对向驶入车辆、前方红灯等情况无法进行准确感知和预判决策,容易出现交通事故,如图 5.1 所示。

行人闯入预警

图 5.1　协同感知场景示例

图 5.1　（续）

　　路侧设备对道路全量交通参与者/参与物（包括但不限于车辆、行人、骑行者、红绿灯等）的位置、速度、轨迹等信息进行感知识别，将感知识别结果发送给周围车辆，收到此信息的其他车辆可提前感知到不在自身视野范围内的交通参与者，辅助车辆及早做出正确的驾驶决策。在此类场景下，通过协同感知，增强了自动驾驶车辆的感知能力，能有效减少交通事故的发生。

◆ 5.2　融 合 预 测

　　融合预测的关键是实现路侧感知信息与车辆感知信息融合以及车辆群体信息融合。路侧感知信息与车辆感知信息融合能够提升感知精度，车辆群体信息融合可对路段状态进行精准识别，从而可实现轨迹预测、路段交通状态预测、路网交通状态预测等功能。

5.2.1　轨迹预测

　　轨迹预测是指根据目标（如行人、车辆等交通参与者）当前或者历史轨迹与环境信息推测该目标未来的轨迹，为决策与路径规划提供依据，如图 5.2 所示。

图 5.2　轨迹预测

　　轨迹预测可以用于预测周边的交通参与者(机动车、非机动车、行人)的行为,帮助车辆提前做出判断和决策,降低交通事故的发生率等。

1. 行人轨迹预测

　　在实际应用场景中,行人的运动往往具有主观性、灵活性,行人未来的运动轨迹不仅受个人意图支配,同样也受周围环境影响。这种交互非常抽象,在算法中往往很难精确地建模。目前有关行人轨迹预测的大部分算法都是用相对空间关系(例如相对位置、相对朝向、相对速度大小等)进行建模,以大致估计其未来的运动轨迹,如图 5.3 所示。

图 5.3　行人轨迹预测

　　行人轨迹预测算法大体可分为传统的时序模型算法和深度学习算法。其中,传统的时序模型算法有卡尔曼滤波(Kalman Filter,KF)、隐马尔可夫模型(Hidden Markov Model,HMM)、高斯过程(Gaussian Process,GP)等。这类算法都会引入先验假设成立的数学模型,再进行推理证明,存在固有的局限性。传统的时序模型算法只能处理一些简单的场景,无法满足复杂场景的轨迹预测需求。深度学习算法是一种基于模式的方法,从数据中学习以拟合不同的函数,用于描述人的交互感知,提高了模型的灵活性和泛化性能,从而提高了行人轨迹预测的性能。常用的深度学习算法有基于 RNN 的预测方法、基于 GAN 的预测方法、基于 GCN 的预测方法等。

2. 车辆轨迹预测

可以把车辆轨迹预测抽象为一个概率统计模型,假设车辆预测的轨迹为二维平面上的一个个点 (x_t,y_t),从 t 时刻到 $t+m$ 时刻,如果有 N 辆车,就有对应的 N 条轨迹,则 N 辆车从 t 时刻到 $t+m$ 时刻的轨迹集合为

$$X_T=\{(x_t^i,y_t^i),(x_{t+1}^i,y_{t+1}^i),\cdots,(x_{t+m}^i,y_{t+m}^i)\}_i^N=1$$

其中,(x_t^i,y_t^i) 表示第 i 辆车在 t 时刻的二维坐标,那么车辆轨迹的预测问题就可以抽象为预测这个轨迹集合的概率分布,求出的最大概率对应的轨迹就是车辆可能的轨迹,即

$$\hat{X}_T=\arg\max P(X_T\mid O)$$

其中,O 表示周围环境的感知数据。这样就可以把车辆轨迹预测转化为车辆在每个车道序列中的概率,此时把车辆状态和车道段作为输入,通过概率模型计算出车辆采用每个车道序列的概率,其中概率最大的车道序列即为车辆的预测轨迹,如图 5.4 所示。

图 5.4 车辆轨迹预测

实际的车辆轨迹预测不仅受到车辆动力学的限制,而且强依赖于车道线、路口形状等

地理信息,因此不同的道路情况采用的车辆轨迹预测模型也不同。实际交通场景下的车辆轨迹预测如图 5.5 所示。

图 5.5   实际交通场景下的车辆轨迹预测

常用的车辆轨迹预测模型有基于物理的运动模型(physics-based motion model)、基于意图的运动模型(maneuver-based motion model)、基于意识交互的运动模型(interaction-aware motion model)。其中,基于物理的运动模型认为车辆的运动仅依赖于物理规律的约束,没有考虑交通规则和与其他车辆的交互;基于意图的运动模型认为车辆未来的运动不仅依赖交通规则,而且依赖驾驶员的意图;基于意识交互的运动模型认为驾驶员行为之间是相互依赖、相互影响的,同时会考虑交通规则。

5.2.2   交通状态预测

交通状态预测对于辅助路线规划、指导车辆调度、缓解交通拥堵、预防交通事故、主动减少损失具有重要意义。由于交通流对时空依赖性的复杂性、不确定性和动态性,准确的交通状态预测仍是一个具有挑战性的问题。目前交通状态预测主要依赖路侧感知设备,利用高清摄像头等多种传感器,感知路口范围内全部的交通参与者,通过相应的预测模型实现交通状态的预测,并且把预测结果共享给路口的全部车辆,即可最大限度地消除危险隐患。

交通状态预测主要包括对当前路段或路网的交通流量预测、速度预测、车道占用率预测、通行时间预测等,如图 5.6 所示。

交通状态预测

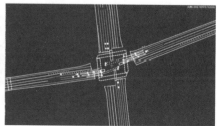

图 5.6   交通状态预测

交通流量预测就是预测未来一段时间内通过道路上某一点的车辆数量。交通速度预测就是预测未来一段时间内道路上的车辆平均车速。车道占用率预测指的是预测未来一段时间内车辆占用道路空间的程度。通行时间预测是指在获取路网中任意两点的路线的情况下预测从路线中的一个点到另一个点的通行时间。

交通状态预测大概可分为传统方法和基于深度学习的方法。传统方法有历史平均（HA）、自回归积分移动平均（ARIMA）、向量自回归（VAR）、支持向量回归（SVR）、随机森林回归（RFR）等；基于深度学习的方法有 CNN、GCN、RNN、Attention 等。其中，传统方法的这些模型模拟非线性特征的能力有限，对于复杂和动态交通数据的建模能力不足；基于深度学习的方法挖掘了更多的特性和复杂的体系结构，能够获得更好的性能。

◇ 5.3　规划决策

规划决策是指利用多传感融合信息，在满足一定的地形空间几何约束、车辆运动学约束和动力学约束等条件下，规划出两点间多条可选安全路径，并在这些路径中选取一条最优的路径作为车辆行驶轨迹。规划决策按照规划的空间范围不同可分为全局规划和局部规划，如图 5.7 所示。

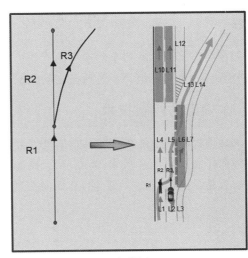

全局规划　　　　　　　　　　　局部规划

图 5.7　规划决策

资料来源：高德高精度地图

5.3.1　全局规划

全局规划是根据全局地图数据信息规划出自起始点至目标点的一条无碰撞、可通过的路径。全局规划需要预先知道环境的准确信息，当环境发生变化时，规划结果很可能就会失效。

如图 5.7 所示，全局规划只给出了从起点到终点的粗略路径，并没有考虑路径的方向、宽度、曲率、道路交叉以及路障等细节信息。常用的全局规划方法有传统算法（Dijkstra 算法、A* 算法等）、智能算法（PSO 算法、遗传算法、强化学习等），以及传统与智能相结合的算法等。

5.3.2　局部规划

局部规划是以局部环境信息和自身状态信息为基础，规划出一段无碰撞的理想局部路径。局部规划实时对规划结果进行反馈与校正，以确保车辆始终处于当前最优的驾驶路径中。

局部规划首先需要对当前环境进行建模，其次根据当前环境及相关约束条件搜索出当下的最优路径。例如，在图 5.7 的局部规划示例中，行人位于道路边缘的 R1 点位置，为防止车辆与行人发生碰撞，此时车辆需预测行人的运动轨迹，并基于预测的运动轨迹控制自身的安全行驶，以避免与行人发生碰撞。假如预测行人 R1 点后的运动轨迹是 R3 方向，即横穿道路，则需要控制车辆减速行驶甚至刹车等待，以避让行人；假如预测行人 R1 点后的运动轨迹是 R2，即沿道路直行，或在 R1 点停止，则不需要对车辆进行任何控制操作，因为这种情况下不会发生车辆和行人碰撞等危险情况。

◆ 5.4　协　同　控　制

协同控制不仅要考虑到车辆本身的运动控制，还要考虑到车与车、车与路之间的路权分配、路径优化、协同优化等一系列控制问题。

5.4.1　车辆运动控制技术

车辆运动控制技术是在环境感知的基础上，根据规划决策的目标轨迹，通过对车辆的纵向和横向控制实现车速调节、保持车距、换道、超车等基础操作。因此，车辆运动控制技术的核心就是纵向控制技术（X 轴）和横向控制技术（Y 轴），如图 5.8 所示。

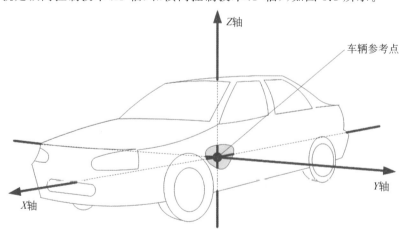

图 5.8　车辆运动参考坐标系

1. 纵向控制技术

纵向控制主要是控制车辆的速度,对车辆进行前进、后退、加速和减速控制,使得车辆可以按照期望的车速行驶,以保持与前后车的车距、紧急避障等。纵向控制技术通过油门和制动综合控制的方法实现对预定车速的跟踪,各种电机-发动机-传动模型、汽车运行模型和刹车过程模型与不同的控制算法相结合,构成了各种各样的纵向控制模式。图 5.9 是 Apollo 纵向控制的基本原理。

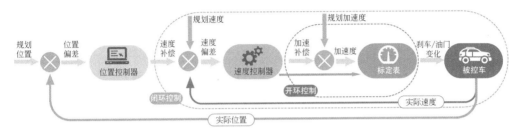

图 5.9　纵向控制基本原理(以 Apollo 纵向控制为例)

纵向控制的方法可分为传统的控制方法和智能控制方法。传统的控制方法主要有PID 控制、模糊控制、最优控制和滑模控制(预测模型控制)等;智能控制方法主要有基于模型的控制、神经网络控制和深度学习方法等。

2. 横向控制技术

横向控制是根据上层运动规划输出的路径、曲率等信息,控制车辆的转向角,使车辆沿着期望的既定路线行驶,同时保证车辆行驶的稳定性和舒适性。横向控制技术是通过信号采集(前轮偏角、前轮偏角变化率、电机转速、电机相电流等)和系统控制(根据期望值和当前值反馈控制占空比实现对电机的位置控制),控制电机准确转动前轮,使其偏角达到期望值。图 5.10 是 Apollo 横向控制的基本原理。

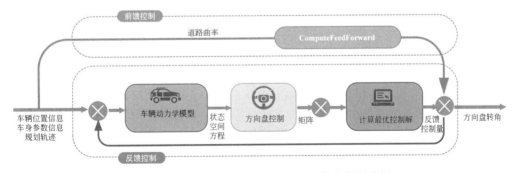

图 5.10　横向控制基本原理(以 Apollo 横向控制为例)

横向控制主要有两种基本设计方法:一种是基于驾驶员行为模拟的方法;另一种是基于车辆动力学模型的控制方法。基于驾驶员行为模拟的方法使用较简单的表达响应特性的车辆动力学模型和模拟驾驶员行为的控制器;基于车辆动力学模型的控制方法需要建立较精确的车辆动力学模型,然后用不同的控制算法达到特定目标。

5.4.2 车-车协同控制技术

车-车协同控制的前提是车辆之间需要建立直连通信(Vehicle-to-Vehicle,V2V),实现车辆之间实时数据交换,通过协同控制技术实现前向碰撞预警、盲区预警、紧急制动预警、变道辅助等保障车辆安全及提升车辆效率类应用。在不同场景下,车辆之间协同控制策略不同,如果当前车辆能够提前获知其他车辆的状态信息,那么就可以及时采取应对措施,以减少安全事故的发生。目前,V2V 设备主要使用专用短程通信(DSRC)向附近车辆传送数据,如位置、方向和速度。

例如,在协作式变道场景中,车辆之间基于 V2V 通信进行协商和协同驾驶操作,如图 5.11 所示。在保障行车安全的前提下,其他车辆通过加减速等操作为当前车辆提供足够的变道空间。

图 5.11 协作式变道场景

在此场景下,协同控制过程大致是:B 车检测到车道前方的障碍物,向 A 车和 C 车发送车辆位置、方向、速度、变道请求等信息;A 车和 C 车收到 B 车的信息之后进行协商和协同驾驶,在保障行车安全的前提下,A 车和 C 车通过加减速等操作为 B 车提供足够的变道空间;B 车收到允许变道的时间、速度等信息之后,在约束条件下完成变道动作。以上过程如图 5.12 所示。

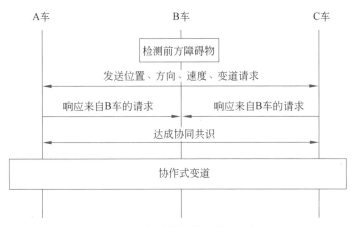

图 5.12　车-车协同控制策略示例

5.4.3　车-路协同控制技术

要实现车-路协同控制技术,首先需要实现车辆和道路的智能化,即,车辆是不同智能网联等级和自动化程度的车辆,道路由道路工程及配套附属设施、智能感知设施(摄像头、毫米波雷达、激光雷达等)、路侧通信设施(直连无线通信设施、蜂窝移动通信设施)、计算控制设施(边缘计算节点、MEC 或各级云平台)、高精度地图与辅助定位设施、电力功能等配套附属设备组成。车-路协同控制技术基于环境感知技术获取车辆和路侧设施等的实时信息,通过 V2V、V2I(Vehicle-to-Infrastructure,车辆-基础设施)通信技术实现车辆与道路互联互通,整合两者优势,协同优化交通系统资源,保证道路安全,缓解交通拥堵。常见的车-路协同控制场景有道路安全预警、车内标牌预警、闯红灯预警、限速预警、前方拥堵预警等车辆与路侧设施的交通效率类应用,如图 5.13 所示。

图 5.13　车-路协同控制场景示例

闯红灯预警

限速预警

车速引导

图 5.13 （续）

　　例如,在道路安全预警场景中,基于 V2I 通信,车辆与路侧终端之间进行通信,当主车运行前方出现道路异常状态(如交通事故、交通管制等突发事件)时,路侧终端获取道路异常状态信息并通过 V2I 通信将道路异常状态发送至周边车辆,主车驾驶员或自动驾驶车辆自主调整行驶线路以避开异常路段。例如,在车速引导场景中,主车装有 V2X 车载终端,要通过信号灯控交叉口,V2X 路侧终端获取信号灯灯色及配时信息并通过 V2I 通信将信号灯状态发送至周边车辆;主车 V2X 车载终端接收路侧终端的信息,并根据主车位置及信号灯状态计算绿灯通行速度,为驾驶员提供建议速度区间,驾驶员可自主调整速度通过信号灯控交叉口。

◇ 5.5　实践与练习

5.5.1　基于协同感知的车辆预警

　　问题描述:车辆在被前方车辆遮挡的情况下,来不及对行人闯入、对向驶入车辆等进行准确感知和预判决策,容易出现交通事故,真实案例如图 5.14 所示。

行人闯入
真实案例

图 5.14　行人闯入真实案例

在本实验中,请考虑如何利用智能决策与协同控制技术避免该事故的发生,并在仿真平台上实现。

5.5.2 仿真实现

首先,对行人闯入的真实案例在仿真平台上以 1∶1 仿真实现,具体效果如图 5.15 所示。

行人闯入
仿真实现

图 5.15 行人闯入仿真实现

其次,分析如何避免该场景事故的发生,总结其实现的基本原理。这里给出基本的参考思路:路侧系统对道路全量交通参与者/参与物(包括但不限于车辆、行人、骑行者等目标物)的位置、速度、轨迹等信息进行感知识别,通过 V2X 通信发送给周围车辆,收到此信息的其他车辆可提前感知不在自身视野范围内的交通参与者,辅助车辆及早做出正确的驾驶决策。

最后,在仿真平台上调用相关协议接口,将自己的思路付诸实践以验证其可行性。

信息交互关键技术

◇ 6.1 无线通信技术

无线通信技术将交通参与要素"人、车、路、云"有机地联系在一起,实现车与人之间、车与车之间、车与路侧基础设施之间、车与云之间的信息交互。在智能网联场景中,无线通信技术目前主要有 DSRC(专用短程通信技术)和 C-V2X(Cellular-Vehicle-to-Everything,蜂窝车联万物)通信技术,如图 6.1 所示。

图 6.1　无线通信技术

6.1.1　DSRC 技术

DSRC 标准由 IEEE(美国电气电子工程师学会)基于 WiFi 制定,标准化流程开始于 2004 年,主要基于 IEEE 802.11p、IEEE 1609、SAE J2735 及 SAE J2945 标准。其中,IEEE 802.11p 定义了与汽车相关的专用短程通信物理标准,IEEE 1609 定义了网络架构和流程,SAE J2735 和 SAE J2945 定义了消息包中携带的信息,例如位置、行进方向、速度和刹车信息等。DSRC 技术是专门用于道路环境的车与车(V2V)、车与基础设施(V2I)之间有限距离的无线通信技术,如图 6.2 所示。

图 6.2　DSRC 通信

DSRC 通信主要包含车载单元(On Board Unit,OBU)、路侧单元(Road Side Unit,RSU)以及专用短程通信协议组成,通过 OBU 与 RSU 提供车-车与车-路间信息的双向传输,RSU 再通过光纤或移动网络将交通信息传送至云端。

1. 车载单元

车载单元是指安装在车辆终端的单元,起到拓宽驾驶员视野、增强驾驶员对行车环境和车辆运行状态的感知、加强行车安全的作用,提供与路侧单元及其他车载单元的通信信息交互功能,同时具有移动网络、云平台的接入能力。车载单元的功能包括车辆运动状态获取、行车环境信息感知、车辆定位信息获取、信息交互、信息处理及管理、安全报警与预警等。

2. 路侧单元

路侧单元是指安装车道旁边或车道上方的通信及计算机设备,通常由设备控制器、天线、抓拍系统、计算机系统及其他辅助设备等组成,其功能是与车载单元完成实时高速通信,实施车辆自动识别、特定目标检测及图像抓拍等功能。

3. 专用短程通信协议

专用短程通信协议实现车-车、车-路间实时传输的信息通道,通过低延时、高可靠、快速接入的网络环境,保障车端与路侧端的信息实时交互。其中,下行链路是从路侧单元到车载单元,采用 ASK 调制、NRZI 编码方式,数据通信速率为 500kb/s;上行链路是从车载单元到路侧单元,路侧单元天线不断向车载单元发射 5.8GHz 的连续波,其中一部分作为车载单元的载波,对数据进行 BPSK 调制后反射回路侧单元。

6.1.2　C-V2X 技术

C-V2X 技术是由 3GPP(移动通信伙伴联盟)通过拓展通信 LTE 标准制定的。其中,

C-V2X 中的 C 指蜂窝(Cellular),V 代表车辆,X 代表任何与车交互信息的对象,当前 X 主要包含车、人、路侧基础设施和网络。C-V2X 是基于 3G/4G/5G 等蜂窝网通信技术演进形成的车用无线通信技术,包含了两种通信接口:一种是车、人、路之间的短距离直接通信接口(PC5),另一种是终端和基站之间的通信接口(Uu),可实现长距离和更大范围的可靠通信。C-V2X 通信模式包括车与车之间(V2V)、车与路之间(V2I)、车与人之间(Vehicle to Pedestrian,V2P)、车与网络之间(Vehicle to Network,V2N)的交互,如图 6.3 所示。

图 6.3　C-V2X 通信模式

C-V2X 包含 LTE-V2X 和 5G-V2X,从技术演进角度讲,LTE-V2X 支持向 5G-V2X 平滑演进。C-V2X 中的 LTE-V 技术包含集中式(LTE-V-Cell)和分布式(LTE-V-Direct)两种工作模式,针对不同的车辆应用场景和需求。LTE-V-Cell 需要基站作为控制中心,实现大带宽、大覆盖通信,而 LTE-V-Direct 无须基站作为支撑,可直接实现车辆与车辆、车辆与周边环境节点的低时延、高可靠通信,如图 6.4 所示。

图 6.4　C-V2X 工作模式

与 DSRC 技术相比,C-V2X 技术支持更远的通信距离,具有更佳的非视距性能、更强的可靠性、更高的容量和更好的拥塞控制能力等。此外,C-V2X 基于蜂窝网络,可以与目前的 4G 和 5G 网络复用,网络覆盖范围广,部署成本更低。

◈ 6.2 大数据技术

随着智能化和网联化发展的大趋势,人、车、路、云之间数据的存储、共享、交互、融合、分析、挖掘和各种数据服务都依赖于大数据技术的支撑。大数据技术就是从各种类型的海量数据中快速获得有价值信息的技术。根据大数据处理的生命周期,大数据技术通常包括大数据采集与预处理、大数据存储与管理、大数据分析与挖掘、大数据展现与应用。要真正地从大数据中获得洞察,需要在大数据生命周期的各个阶段中全面集成可与之相互配合的技术。

6.2.1 大数据采集与预处理

智能网联场景的数据主要来自交通参与要素——人、车、路的各种静态数据和动态数据,而这些海量数据具有高并发、高实时、多维度、强关联、多异构的特点。大数据采集与预处理首先要提供来自车辆传感器、路侧单元、环境和社会数据等多种数据源的高并发实时接入能力,其次根据应用场景对处理时延、传输带宽等具体需求提供异构数据汇聚能力,最后还要提供对各种类型的结构化、半结构化及非结构化海量数据的辨析、抽取、清洗等能力。在大数据的数据采集和预处理过程中,其主要挑战是数据量、数据质量和采集性能。目前,常用的大数据采集和预处理工具有 Cloudera 公司的 Flume、Facebook 公司的 Scribe、Apache 软件基金会的 Kafka 以及开源社区 Hadoop 的 Chukwa 等,这些工具均可以满足每秒数百兆字节(MB)的数据采集和传输需求。

1. Flume

Flume 是一个高可用、高可靠、分布式的海量数据采集、聚合和传输的系统,Flume 支持在系统中定制各类数据发送方,用于收集数据。同时 Flume 提供对数据进行简单处理并写到各种数据接收方(可定制)的能力。Flume 本身具有可靠性、可扩展性和可管理性,适用于实时的数据收集,安装简单,但动态配置复杂。

2. Scribe

Scribe 为数据的分布式收集和统一处理提供了一个可扩展的、高容错的方案。Scribe 从各种数据源收集数据,放到一个共享队列中,然后推送(push)到后端的中央存储系统中。当中央存储系统出现故障时,Scribe 可以暂时把数据写到本地文件中,待中央存储系统恢复性能后,再续传到中央存储系统。当采用 HDFS 作为中央系统时,可以采用 Scribe＋HDFS＋MapReduce 的方案进行数据处理。

3. Kafka

Kafka 是一个分布式的基于发布/订阅的消息系统,具有高吞吐量、内置分区、支持数据副本和高容错性的特性,适合在大规模消息处理场景中使用。

4. Chukwa

Chukwa 是一个开源的用于监控大型分布式系统的数据收集系统,是构建在 Hadoop 的 HDFS 和 Map Reduce 框架之上的,继承了 Hadoop 的可伸缩性和鲁棒性。Chukwa 还包含了一个强大和灵活的工具集,可用于展示、监控和分析已收集的数据。

6.2.2　大数据存储与管理

传统的关系数据库系统(如 Oracle、SQL Server 等)只能满足关系数据的存储需求,无法满足半结构化和非结构化数据的存储需求。例如,面对源源不断地产生的海量数据,现有的单节点或共享磁盘架构要面对海量数据存储的挑战;现有的以结构化数据为主体的存储方案要面对如何兼容无模式的非结构化数据的挑战;对采集到的海量、异构和混杂的数据如何高效、准确地传输、存储也成为一个挑战。因此,大数据的存储与管理技术主要是解决复杂结构化、半结构化和非结构化大数据的存储与管理问题,并为其提供可扩展性强、可靠性高、性能卓越的数据存储、访问及管理解决方案。

针对大数据结构复杂多样的特点,可以根据每种数据的存储特点选择最合适的解决方案,例如,对非结构化数据采用分布式文件系统进行存储,对结构松散无模式的半结构化数据采用表存储、键值存储或面向文档的存储,对海量的结构化数据采用无共享的分布式并行数据库存储。目前常用的大数据存储与管理的解决方案主要是分布式文件系统、分布式关系数据库以及分布式非关系数据库等。

1. 分布式文件系统

分布式文件系统(Distributed File System,DFS)是指网络中的多个存储节点通过网络组织起来,文件系统管理的物理存储资源不一定直接连接在本地节点上,而是通过计算机网络与节点相连。目前典型的分布式文件系统有 Lustre、GFS、GlusterFS、PVFS、FastDFS、NFS、MogileFS、FreeNAS、OpenAFS、MooseFS、QFS、Ceph、HDFS 等。它们的许多设计理念类似,同时也各有特色。

2. 分布式数据库

分布式数据库是一个数据集合,这些数据在逻辑上属于同一个系统,但物理上却分散在计算机网络的若干站点上,并且要求网络的每个站点具有自治的处理能力,能执行本地的应用。因此,分布式数据库的两个重要特点是分布性和逻辑相关性。依据存储的数据结构不同,分布式数据库可分为分布式关系数据库和分布式非关系数据库。分布式关系数据库是一种强调遵循 ACID(Atomicity,Consistency,Isolation,Durability,原子性、一致性、隔离性和持久性)原则的数据存储系统,为了保证数据库的 ACID 特性,我们必须尽量按照其要求的范式进行设计,关系数据库中的表是格式化的数据结构。分布式非关系数据库是指那些非关系型的、分布式的、不保证遵循 ACID 原则的数据存储系统,分布式非关系数据库的理论基础一般遵循 BASE 模型(Basically Available,Soft-state,Eventual Consistency,基本可用、软状态和最终一致性)。分布式非关系数据库的数据存储不需要固定的表结构,通常也不存在连接操作,在海量的数据存取上具备关系数据库无法比拟的性能优势。分布式非关系数据库可按功能分为文档数据库(document database)、图数据库(graph database)、键值数据库(Key/value database)、列存储数据库(columnar database)和内存数据网格(in-memory data grid)。

6.2.3　大数据分析与挖掘

大数据分析与挖掘技术是大数据处理生命周期中的核心技术,因为大数据的价值产生于分析过程,即要从海量的、不完整的、有噪声的、模糊的、绝对随机的数据中发现隐含在其中有价值的、潜在有用的知识,从而获得洞察。大数据的分析与挖掘技术主要涉及传统的数据分析与挖掘方法、大数据分析与挖掘方法、大数据分析与挖掘框架等。

1. 传统的数据分析与挖掘方法

传统数据分析与挖掘方法主要是针对结构化数据和事务处理的关系数据库的,根据不同应用的需求在此基础上构建数据仓库,并选择相关数据进行分析,常用的数据分析与挖掘方法有数据挖掘、机器学习、统计分析等。这些传统的数据分析与挖掘方法在处理相对较少的结构化数据时比较有效。在面对大数据分析与挖掘时,有些传统的数据分析与挖掘方法可以直接应用于大数据的分析与挖掘,而有些则需要做出相应的调整。

2. 大数据分析与挖掘方法

传统的数据分析与挖掘方法大多是以数据量小为前提的、基于内存所构造的算法,而面对大数据时,就需要保证具有处理大规模数据集合以及基于外存的能力。大数据的常用分析与挖掘方法有布隆过滤器(Bloom filter)、哈希算法(hashing)、字典树(trie tree)、深度学习(deep learning)等。虽然这些方法并不能完全覆盖大数据分析要处理的所有问题,但是可以处理大数据分析所面临的一些共性问题。

3. 大数据分析与挖掘框架

以大数据处理多样性和分析需求为驱动,产生了以下几种框架:适用于大数据批处理的并行计算框架,如 Hadoop MapReduce、UC Berkeley Spark(具备批处理计算能力)等;具备高实时性的流式计算框架,如 Twitter Storm、Apache S4、Apache Spark Steaming、Apache Samza 等;具有快速和灵活的迭代计算框架,如 UC Berkeley Spark、Twister 等;具备复杂数据关系图数据的分析框架,如 Google Pregel、Facebook Giraph、Microsoft Trinity、Spark GraphX、PowerGraph 等;具备实时内存计算能力的大数据分析框架,如 SAP Hana、UC Berkeley Spark 等。这几种大数据分析框架各具特点,都起源于某个特殊的应用领域。表 6.1 给出了各分析框架的特点及应用领域。

表 6.1　各分析框架的特点及应用领域

分　类	名　称	特　点	应 用 领 域
批处理框架	• Hadoop MapReduce • UC Berkeley Spark	高度可扩展、高容错能力、动态灵活的资源分配和高度	数据分析、日志分析、数据挖掘、机器学习等
流式计算框架	• Twitter Storm • Apache S4 • Apache Spark Steaming • Apache Samza	保证响应时间的事务功能、消息精确处理、动态流数据处理、记录级容错	在线机器学习、连续计算、数据采集等
迭代计算框架	• UC Berkeley Spark • Twister	循环控制、数据缓存、减少磁盘I/O	数据挖掘、信息检索、实时视频处理等
内存计算框架	• SAP Hana • UC Berkeley Spark	基于内存计算的可扩展集群、交互式数据处理、实时返回分析结果	实时分析、数据挖掘、机器学习、可视化模式分析等
图计算框架	• Google Pregel • Facebook Giraph • Microsoft Trinity • Spark GraphX • PowerGraph	基于BSP模型的分布式图计算框架、占用较低资源的消息通信机制、同步控制框架	矩阵计算、面向图计算、排序计算、图索引、PageRank等

6.2.4　大数据展现与应用

大数据展现与应用技术利用大数据分析与挖掘的结果，为用户提供辅助决策，发掘潜在价值。大数据展现与应用技术一定要与领域知识相结合，在不同的领域、面对不同的应用需求，大数据的获取、分析和展现方式都不同。因此，大数据展现与应用技术的研究需要开展数据特征和业务特征的研究，以及大数据的应用分类和技术需求分析。例如，在智能驾驶方面，通过大数据技术实现碰撞预警、电子路牌、红绿灯警告、车辆诊断、道路湿滑检测等即时警告；在出行效率方面，通过城市交通管理、交通拥塞检测、路径规划、公路收费、公共交通管理，提高人们的出行效率；在信息服务方面，通过数据服务为人们提供移动娱乐与消费、社交网络等，提高人们生活的便捷性和娱乐性；在交通管理方面，通过建立实时、准确、高效的交通综合管理和控制系统，让人、车、路、环境之间相互连接，对所有车辆的运行状态进行有效监管并提供综合服务，从而有效地降低事故率。

6.3　人工智能技术

人工智能技术框架按产业链可划分为基础层、技术层和应用层。其中，基础层为人工智能产业链提供算力和数据服务支撑，包括 GPU 芯片、开发编译环境、数据资源、云计算、大数据支撑平台等关键环节；技术层为人工智能产业链提供通用性的技术能力，包括智能语音语义、知识图谱、计算机视觉等各类算法与深度学习技术，并通过深度学习框架和开放平台实现了对技术和算法的封装；应用层是面向服务对象提供各类具体应用和适配行业应用场景的产品或服务。基于深度学习的人工智能技术框架如图 6.5 所示。

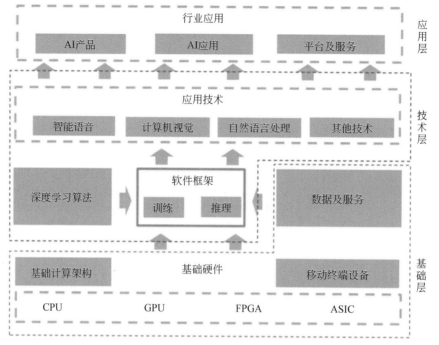

图 6.5　基于深度学习的人工智能技术框架

资料来源：中国人工智能产业发展联盟

人工智能技术的智能感知、数据认知、反馈控制 3 个核心技术已在智能网联场景中广泛应用。

1. 智能感知

人工智能的智能感知技术拓展了交通感知的维度和深度，不仅可以采集摄像头、激光雷达、毫米波雷达、麦克风等多个维度的传感器信息，还可以精细化感知目标要素，如视频数据结构化处理，提取人、车、运动轨迹等深层关键信息。智能感知类的典型场景有可行驶路面检测、车道线检测、路缘检测、护栏检测、行人检测、机动车检测、非机动车检测、路标检测、交通标志检测、交通信号灯检测、复杂路况检测、人流分析、车况监控、车外环境感知、驾驶员行为监测、交通设施状态感知、实时路况感知等。这些场景最常用的人工智能感知算法是通过深度学习技术实现的。深度学习按照模型的不同可以分为 CNN、RNN、LSTM、DBN 和 Autoencoder 5 种类型，其中 CNN 在处理图像和视频上拥有很好的效果。

2. 数据认知

智能网联场景中的数据信息具有异构性、多样性、实时性、海量性等特征，人工智能技术可以很好地处理多源异构时空数据，并经过对这些海量数据的学习，可以快速做出准确的分析和预测。人工智能数据认知类的智能网联场景有路径规划、主动安全预警、驾驶员行为评估、路况预测、车辆行驶轨迹预测等。

3. 反馈控制

利用人工智能技术在智能网联场景中完成智能感知、数据认知之后,可以生成控制信息并实时反馈给相关对象,实现人工智能技术闭环。人工智能反馈控制类的智能网联场景有人机交互、辅助驾驶、信号灯控制优化等。

◇ 6.4　人机交互技术

人机交互(Human-Computer Interaction,HCI)是指人与计算机之间使用某种对话语言,以一定的交互方式,为完成确定任务而进行的信息交换过程。常用的人机交互方式有触控交互、声控交互、动作交互、眼动交互、虚拟现实交互、多模式交互以及智能交互等。智能网联场景的人机交互设计必须以保证交通参与要素——人、车、路的安全性,提高核心功能操作效率,简化操作流程为出发点,实现智能网联的场景化应用和拓展。

6.4.1　基本原理

人机交互的基本原理:首先通过传感器直接或间接与人接触获得感知信息,其次通过建立模型对感知信息进行分析与识别,然后对分析结果进行推理以达到感性的理解,最后将理解结果通过合理的方式表达出来。

1. 信息感知

人机交互技术主要通过定位传感器、雷达传感器、听觉传感器、视觉传感器、姿态传感器、触觉传感器等不同传感器收集感知信息,例如,通过双摄像头模拟人眼捕捉,利用红外LED 或红外激光照射手部、姿态、人脸等部分影像,利用双摄像头的视觉差分析手势、姿态等部位的变化,利用麦克风进行声音采集等。

2. 信息识别

在信息识别方面,常见的智能识别有手势识别、骨架识别、语音识别、表情识别、眼部识别、情感识别等,其核心是数学模型的建立和算法实现,并具有自学习、自适应的闭环控制功能。

3. 信息理解

在信息理解方面,目前主要是基于任务完成型的交互理解方式,其中最核心的理解要素是用户意图理解,常用的方法有基于深度学习模型的用户意图理解和基于知识图谱推理的用户意图理解。

4. 信息表达

在信息表达方面,通常是以语音合成的形式进行交互。如果系统能够以高逼真度、高自然度和高清晰度的拟人形象、声音、用词等表达方式和用户交互,就能大大降低对用户感知能力的要求。

6.4.2　交互设计

传统的人机交互设计以人为核心要素,而智能网联人机交互设计需要以交通参与要素——人、车、环境作为整体进行设计,同时要考虑优化整合交通系统和环境的顶层设计,如图6.6所示。

图 6.6　智能网联人机交互设计

1. 多模态交互

车辆只是智能网联场景中的一部分,还涉及人、基础设施和交通环境等部分,因此交互设计还需要考虑这些交通参与要素的交互,可考虑视觉交互、语音交互、手势交互等多种交互形式的融合,根据不同场景实现不同功能的协同交互。交互不仅要以提高车内驾乘人员的交互效率为目标,同时要考虑优化整合交通系统和环境。

2. 多场景交互

车辆与环境的智能化趋势,使得车辆作为一个新的智能端与周边环境或网络进行信息交互,从而催生了更多的交互场景。交互设计已从早期的娱乐资讯、定位导航逐渐延伸至更加垂直的生活服务场景、辅助驾驶的多场景融合趋势,例如新能源智能车辆通过车载导航寻找在剩余电量内可到达的充电桩服务的人机交互场景。

3. 智能情感交互

智能情感交互是指人机之间具有情感识别、情感理解和情感表达的能力,是智能网联人机交互的发展趋势。智能情感交互可以从人脸表情交互、语音情感交互、肢体行为情感交互、生理信号情感识别、文本信息情感交互等方面进行探索,使人、车、路交互更加智能化和人性化。

◇ 6.5　云平台技术

云平台技术可提供数据存储能力和计算能力,对路侧传感器和车载传感器收集到的交通数据信息进行收集,实时分析交通道路状况,并将结果信息提供给系统或下发给车

辆,对交通部署起到优化作用。云平台技术架构一般可分为 3 个层次,即基础设施层
(Infrastructure as a Service,IaaS)、平台层(Platform as a Service,PaaS)和软件服务层
(Software as a Service,SaaS),如图 6.7 所示。

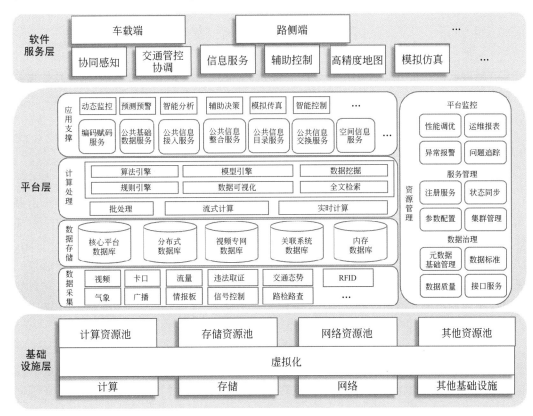

图 6.7　云平台技术架构

1. 基础设施层

基础设施层主要包括计算机服务器、通信设备、存储设备等,利用虚拟化技术按照用
户或者业务的需求,进行统一、集中的运维和管理,并且能够按需向用户提供计算能力、存
储能力或网络能力等 IT 基础设施类服务。根据智能网联场景的特点,基础设施层还应
该包括边缘云计算资源,主要用于区域级的车路协同感知信息处理和实时信息发布。

2. 平台层

平台层基于基础设施层的资源管理能力提供一个高可用、可伸缩且易于管理的云中
间件平台,面向上层应用提供通用的服务和能力。平台层依托基础设施层,建立系统应用
所必需的基础数据库、业务数据库和主题数据库,为系统提供共享数据服务。

3. 软件服务层

软件服务层就是将某些特定应用软件功能封装成服务。在智能网联场景中的软件服

务包括协同感知服务、交通管控协调服务、驾驶安全信息服务、交通信息服务、模拟仿真服务、高精度地图服务、MEC 开源服务、自动驾驶服务等，为车路协同提供技术支持和应用落地支撑，可有效提升车路协同系统的安全性和效率。

◇ 6.6　信息安全技术

智能网联的智能化导致功能安全问题，网联化导致网络安全问题，服务化导致数据隐私安全问题。按安全防护对象来看，智能网联的信息安全主要包括终端信息安全、云平台信息安全、网络传输安全和数据信息安全。

6.6.1　终端信息安全

智能网联的终端包括智能网联车辆、车载设备、路侧设备等。这些智能设备之间互联互通产生大量的数据信息，而这些信息存在着潜在的安全隐患。例如，智能网联车由感知、决策、执行等软硬件组成，以完成无人驾驶任务，车内有总线（CAN 总线、LIN 总线等）、各电子控制单元（Electronic Control Unit，ECU）、车载诊断接口（On Board Diagnostic，OBD）、车载综合信息系统等，车内各 ECU 之间的信息传递通过总线通信完成，外部设备与车内通信通过 OBD 完成，攻击者可能会通过对这些数据的篡改实现对智能网联车辆的控制。因此，终端信息安全涉及芯片安全、接口安全、传感器安全、车载操作系统安全、车载中间件安全、车载软件安全等。

车载设备一方面通过 CAN 总线与车辆进行通信，实现指令和信息交互；另一方面主要用于车辆与云平台之间的信息交互，是车辆内外信息交互的纽带。车载设备面临的信息安全风险主要来自固件升级安全、信息篡改安全等。攻击者可通过逆向分析车载端固件获取加密、解密、通信协议等，伪造或窃取指令。

CAN 总线连接车内各个 ECU 控制器进行通信，CAN 总线的通信在加密、访问控制机制、通信认证及消息校验方面存在安全风险。OBD 是外部设备接入 CAN 总线的重要接口，可下载诊断指令与 CAN 总线进行交互，进行车辆故障诊断、控制指令收发等。由于 OBD 接口对 CAN 总线数据可读写，因此存在通过 OBD 破解总线控制协议、解析 ECU 控制指令等安全风险。ECU 控制器在固件、认证、鉴权等方面也存在安全漏洞。车载操作系统可与智能终端、互联网等进行连接，实现娱乐、导航、交通信息等服务，车载操作系统常采用嵌入式 Linux、QNX、Android 等作为操作系统，由于操作系统自身存在安全漏洞，也将面临被恶意入侵、控制的安全风险。

6.6.2　云平台信息安全

云平台拥有丰富的计算资源、通信资源和存储资源，并且承载了敏感数据存储、通信应用和计算服务，云平台的安全隐患会严重破坏应用、通信、数据的保密性、可用性和完整性，会对智能网联场景应用带来广泛的新型安全威胁。基于云平台本身的资源弹性、按需调配、高可靠性及资源集中化等特征，云平台信息安全主要包括系统安全、数据安全、应用安全和内容安全。其中，系统安全包括保障和支撑云平台运行的通信、软件、硬件等一系

列基础设施的安全,如云主机安全、虚拟化安全及运行环境安全等;数据安全包括数据在
传输、存储、交互、应用等环节中的安全问题;应用安全主要包括相关业务应用系统在设
计、开发、发布及配置等过程中所采取的安全措施;内容安全包括云平台所支撑的业务数
据、用户数据、运维数据信息的复制防护等。

在云平台安全防护方面,可以利用云平台本身的安全技术进行安全加固,主要措施如
下:部署网络防火墙、入侵检测系统、入侵防护系统、Web 防火墙等安全设备;通过调度安
全隔离、存储资源安全隔离、内部网络隔离等技术避免数据被窃取或受到恶意攻击;应用
容器镜像技术,对应用从开发、部署、发布、运行等全生命周期进行安全防护;对云平台进
行集中安全管理措施,如安全事件管理、用户行为管理、关键数据管理、平台基线管理、生
命周期管理等,强化云平台的安全防护能力。

6.6.3　网络传输安全

智能网联本身涉及人、车、路、云之间的网络通信和信息传输,这些通信方式本身就存
在网络加密、认证等方面的安全问题,同时云平台自身的安全风险和应用服务漏洞带来的
安全威胁都是网络安全防范的重点。

1. 网络通信安全

人、车、路、云等通过 WiFi、移动通信、DSRC、C-V2X、局域网等无线通信方式进行双
向信息传输和交互,这里主要面临认证风险、传输风险和协议风险,例如,对信息发送者没
有认证其身份或者其伪造身份,车与云、车与路之间通信没有加密或加密强度不够,通信
协议被破解,等等。

2. 应用服务安全

由于终端和应用之间采用的通信协议具有多样化的特点,多数以连接、可靠为主,并
未像传统通信协议一样考虑安全性,所以攻击者可利用通信协议漏洞进行攻击,包括拒绝
服务攻击、越权访问、软件漏洞、权限滥用、身份假冒等。

为了提高智能网联在网络通信和网络信息传输方面的安全性,可以在信息传输过程
中采用网络加密技术,防止信息在传输过程中被篡改。同时,可以对传输的信息实行安全
保护策略,例如,建立一套完整的安全保护体系,按照信息的安全程度进行分级保护和控
制,加强可信信息传输,等等。

6.6.4　数据信息安全

智能网联场景的人、车、路、云之间频繁交互会产生大量的数据信息,这些数据信息存
在着潜在的安全隐患。同时,还要保护用户的个人隐私,防止网络攻击,确保数据传输的准
确性和安全性。目前数据安全问题主要存在于数据的隐私性、完整性和可恢复性 3 方面。

1. 数据的隐私性

终端设备和通信设备间的信息、云端管理和信息平台的信息、用户身份信息、汽车运

行状态、用户驾驶习惯、地理位置信息等都会涉及用户和车辆的隐私。例如,攻击者通过身份信息可以追踪车辆的位置信息,通过车辆的位置信息可以追踪车辆的行驶轨迹,进而可以揭示用户的日常活动。可通过匿名通信、法规和隐私政策等措施保护数据的隐私性。

2. 数据的完整性

数据的完整性是指数据的精确性和可靠性,是为了防止存在不符合语义规定的数据和防止因错误信息的输入输出造成无效操作或错误信息。数据完整性包括实体完整性(entity integrity)、域完整性(domain integrity)、参照完整性(referential integrity)、用户自定义完整性(user-defined integrity)。可根据数据所存储的数据库和业务场景特性相结合的方法保证数据的完整性。

3. 数据的可恢复性

为了避免或减少因数据灾难对智能网联场景应用造成的损失和影响,往往通过数据的冗余设计保证数据的可恢复性。例如,与云平台交互访问数据时提供无差错的响应,遇到安全攻击事件时保证出错数据与原始数据的一致性,遇到不可抗拒的自然破坏因素时具备快速数据恢复能力,等等。

对于智能网联的各类信息安全问题,可以依据不同的威胁对象,有针对性地进行安全防护。安全防护根据防护的对象可分为智能汽车安全防护、通信安全防护、智能网联服务平台安全防护、移动应用安全防护等,从而构建全链条的综合立体防御体系。

◇ 6.7 练习与实践

6.7.1 交通安全互动体验舱

交通安全互动体验舱要求可以与人、路、车进行智能交互,如图 6.8 所示。

图 6.8 交通安全互动体验舱

其中,与人智能交互要求实现和驾驶人通过语音、手势等不同交互方式进行互动,感知人类行为,了解人类需求;与车的智能交互要求通过 CAN 通信、ECU 等电子器件反馈的数据进行计算,了解汽车行驶状态以及各种参数指标,对车辆进行最佳状态的适配;与路的智能交互要求通过智能网联技术对道路状况、拥堵情况等信息进行感知和收集,并将数据传输给云端进行计算和路线智能规划。

交通安全互动体验舱通过独立的感知层能够获得足够的感知数据,例如车内视觉、语音、方向盘、刹车踏板、油门踏板、挡位、安全带、底盘和车身数据,利用人脸识别、声音识别综合判断驾驶员的生理状态和行为状态,做到理解人。随后,根据具体场景推送交互请求,例如提供咨询信息和车辆状态信息,提供车对人的主动交互功能,降低驾驶员在驾驶过程中人对车的交互负担,改善交互体验。

6.7.2　设计实现

对人、车、路的感知是实现交通安全互动体验舱最重要的环节之一,请根据前面介绍的传感技术设计并仿真实现交通安全互动体验舱,可设计潜在危险场景体验、交通突发情况处置、危险驾驶行为体验、文明驾驶场景体验等。这里以交通突发情况处置——高速爆胎为例。

首先,对交通突发情况处置——高速爆胎场景在仿真平台上进行仿真,具体效果如图 6.9 所示。

高速爆胎

图 6.9　高速爆胎场景

然后,根据车辆爆胎的相关反馈数据进行动力学仿真和真实的力反馈设置,并设计相应的人机交互部分。这里提供在高速爆胎时错误的示范(如图 6.10 所示)和正确的示范

（如图 6.11 所示）。

图 6.10　高速爆胎（错误示范）

图 6.11　高速爆胎（正确示范）

第7章

云控平台关键技术

云控平台是实现网联协同感知、网联协同决策与控制的关键基础技术,以车辆运行、基础设施、交通环境、交通管理等动态基础数据为核心,具有高性能信息共享、高实时性云计算、大数据分析、信息安全等特性,为用户提供标准化共性基础服务。

注:由于云控平台还没有统一的标准和规范,本章节内容以中国智能网联汽车产业创新联盟 2020 年出版的《车路云一体化融合控制系统白皮书》为编写依据。

◇ 7.1 云控平台定义

云控平台以车辆、道路、环境等实时动态数据为核心,结合支撑云控应用的已有交通相关系统与设施的数据,为智能网联用户提供标准化共性基础服务。云控平台的功能如图 7.1 所示。

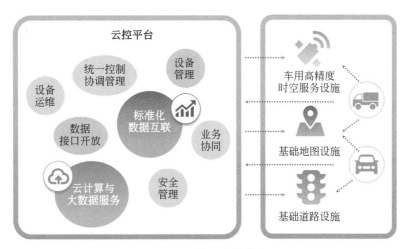

图 7.1 云控平台的功能

云控平台解决了智能网联场景信息孤岛以及难以互联互通、有效协同和有效管控等问题,通过定义可靠的信息交互规则,实现车与车、车与基础设施、车与平台之间数据的互联互通。

云控平台是支撑智能网联实际应用实施的数据协同中心、计算中心与资源优化配置中心,以标准化分级共享的方式支撑不同时延要求下的云控应用需求,从而形成面向智能网联的云控平台。

◇ 7.2 云控平台架构

智能网联业务具有高并发、高实时、高速移动、数据异构和基础设施共享等特征,传统的"中心-平台-终端"模式无法满足对数据接入、数据计算、数据存储、数据安全等方面的需求,因此云控平台采用的是"中心云-区域云-边缘云"多级架构的模式,形成逻辑协同、物理分散的云计算中心。云控平台架构如图7.2所示。

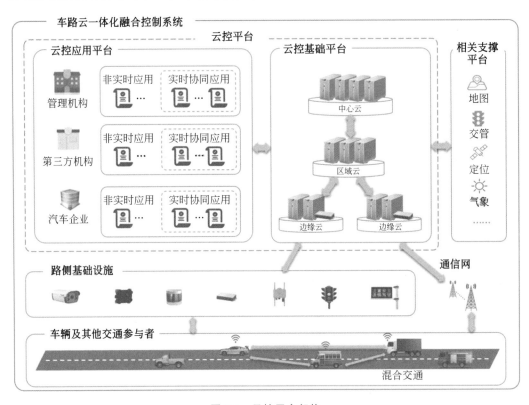

图 7.2   云控平台架构

资料来源:《车路云一体化融合控制系统白皮书》

7.2.1   中心云

中心云主要用于支撑全网业务,是与多个边缘云以及外部系统对接的大型应用和数据管理系统,提供非实时类的管理、分析和决策功能,如宏观交通数据分析、基础数据增值服务、全网业务运营管理、全局交通环境感知及优化、多级计算能力调度、应用多级动态部署、跨区域业务、数据管理等。中心云架构如图7.3所示。

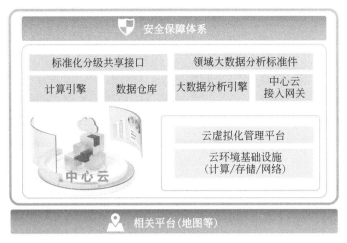

图 7.3 中心云架构

中心云主要包括云环境基础设施和云虚拟化管理平台、计算引擎、数据仓库、大数据分析引擎、中心云接入网关、领域大数据分析标准件和标准化分级共享接口等组成部分。其中,云环境基础设施和云虚拟化管理平台实现基础设施的虚拟化和有效管理;中心云接入网关主要负责云之间的数据接入和交互;计算引擎和数据仓库、大数据分析引擎为非实时性的数据共性服务提供分析和计算处理;领域大数据分析标准件为云控应用提供统一的标准分析服务;标准化分级共享接口具有标准化数据交互和分级共享功能,实现多级云架构下的数据标准化转换。

7.2.2 区域云

区域云主要用于支撑路网级或道路级的业务,如路网交通智能管控、道路设施智能管控、路网实时态势感知、道路实时态势感知、行车路径引导、区域业务运营管理、区域交通环境感知及优化、区域数据分析/开放/应用托管、边缘协同计算调度、V2X 边缘节点管理等,可服务弱实时性或非实时性的业务场景。区域云架构如图 7.4 所示。

图 7.4 区域云架构

区域云主要包括云环境基础设施和云虚拟化管理平台、区域云接入网关、计算引擎和大数据存储/分析引擎、区域云领域特定标准件和标准化分级共享接口等组成部分。其中,云环境基础设施和云虚拟化管理平台实现基础设施的虚拟化和有效管理;区域云接入网关主要负责路-云、车-云、云-云之间的数据接入和交互;计算引擎和大数据存储、分析引擎为非实时性和弱实时性的数据共性服务提供分析和计算处理;区域云领域特定标准件为协同决策、协同控制、交通动态管控提供统一的标准服务;标准化分级共享接口具有标准化数据交互和分级共享功能,实现多级云架构下的数据标准化转换。

7.2.3 边缘云

边缘云主要支撑边缘范围内高实时、高带宽的智能网联业务,包括边缘范围内的边缘数据融合感知、动态全景感知图构建、高级辅助驾驶、自动驾驶等场景,为车辆提供增强行车安全的实时性与弱实时性云控应用基础服务。边缘云架构如图 7.5 所示。

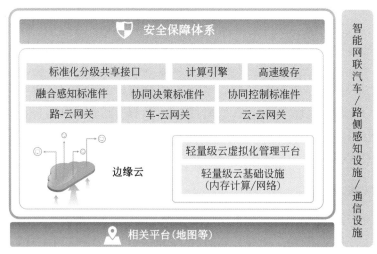

图 7.5　边缘云架构

边缘云主要包括轻量级云基础设施和轻量级云虚拟化管理平台、边缘云接入网关、计算引擎、高速缓存、边缘云领域特定标准件和标准化分级共享接口等组成部分。其中,轻量级云基础设施和轻量级云虚拟化管理平台实现基础设施的虚拟化和有效管理;边缘云接入网关主要负责路-云、车-云、云-云之间的数据接入和交互;计算引擎和高速缓存为实时性和弱实时性的云控应用提供数据缓存和计算处理;边缘云领域特定标准件为融合感知、协同决策、协同控制提供统一的标准服务;标准化分级共享接口具有标准化数据交互和分级共享功能,实现多级云架构下的数据标准化转换。

◆ 7.3　云控平台关键技术

云控平台的关键技术包括边缘云架构技术、动态资源调度技术、感知与时空定位技术、云网一体化技术等。

7.3.1 边缘云架构技术

边缘云是基于云计算技术核心和边缘计算能力,构筑在边缘基础设施之上的云计算平台,是具有计算、网络、存储、安全等能力的弹性云平台,并与中心云和智能网联终端形成"云-边-端"三体协同的端到端技术架构,通过网络转发、存储、计算、智能化数据分析等工作放在边缘处理,从而降低响应时延,减轻中心云和区域云端压力,降低带宽成本,并提供全网调度、算力分发等云服务。在进行边缘云架构设计时,应考虑到低延时/高并发、可调度、自组织、高安全、可定义、标准开放等特性。

(1)低延时/高并发。智能网联实时类云控应用种类众多,如高级别的自动驾驶对信息传输要求为毫秒级时延和超高可靠性,这种要求边缘云应具备数据传输的低时延和接入请求的高并发特性。

(2)可调度。智能网联业务逻辑可以由中心云或区域云动态分发,具体分发给哪个边缘节点执行可以通过调度规则实现。

(3)自组织。当边缘云与中心云或者区域云网络通信发生中断时,边缘云可以实现本地自治能力和自恢复能力。

(4)高安全。边缘云应实现与中心云、区域云一体化的安全防护能力。

(5)可定义。由于边缘云服务具有实时性、场景化等特点,其业务逻辑不是固定不变的,因此边缘云就要实现业务逻辑的定制、自由编排和更新等。

(6)标准开放。边缘云应与中心云、区域云制定统一的数据交互标准,开发基础数据分级共享接口,具备和其他系统互联及互操作的能力。

7.3.2 动态资源调度技术

云控平台上大量的应用服务需要在实时性、通信方式、资源使用、运行方式等方面提供资源支撑,而为了合理地分配和调度这些资源,实现各种资源均衡使用,就需要通过动态资源调度技术支撑云控平台上的应用服务。

传统的资源调度分配方式是人工分配或者按照预先定义的某种规则进行资源调度分配。例如,对于云控平台上各类应用服务所需的软硬件资源,如果采用传统方式,则具有一定的随意性,且真实资源需求难以估算,可能会造成全局资源服务能力不足,就需要有一种通过实际数据综合分析得出的各类软硬件资源的分配算法和策略,以提升各类资源分配的科学性,因此动态资源调度技术对提高资源利用率、节约能源和降低运营成本都具有重要的意义。云控平台上的动态资源调度技术可从统一控制管理、生命周期管理、全局负载均衡、全局业务调度协同、大数据处理协同、统一开放的服务接口等方面入手。

7.3.3 感知与时空定位技术

智能网联感知的信息包括车辆的实时状态信息(如工作状态、运行参数、告警信息、行驶意图)、道路基础设施的信息(如电子标牌、信号灯状态、地图)、路侧感知的交通参与者信息、交通事件信息(如拥堵、遗洒、施工)和交通管理部门的管控指令(如限速、禁行、交通管制)等。感知技术对这些感知的多源异构信息进行全域感知融合,实现交通物理系统的数字孪生,并为局部交通协同和全局交通管控提供支撑。例如,车辆可以快速获得周边车辆和道路的状态信息,从而支持车辆行驶路径的动态规划,达到避免碰撞、快速通行的目的,实现交通的局部协同。云控平台则可以实时感知全时空动态交通信息,从而支持交通的全局管控。

高精度定位技术是实现智能网联的基础。云控平台中的交通参与者位置、路侧设施位置、交通事件位置等信息有可靠的精度保障、较低的传输时延、复杂场景的可用性、安全冗余、鲁棒性等要求,这样才能提供各种安全预警应用和个性化的交通信息服务。为了获得全时空连续的高精度定位,往往需要对多种定位技术进行组合,需要结合高精度地图、高精度定位技术建立基于语义特征的传感器数据智能配准,从而保障云控平台各类应用服务中感知与时空定位的可靠性、准确性和可用性。

7.3.4　云网一体化技术

云网一体化技术是在车与路、车与人、车与云、云与云之间建立高效、可靠的通信机制的基础上,在交通路网内车辆和其他交通参与要素之间形成高效、可靠的信息交互机制、协同决策、协同控制等,从而有效解决交通拥堵和交通安全问题等。目前,云网一体化技术还面临着诸多挑战。例如,云控平台需要具备智能化的指挥与决策能力,避免交通无序;中心云、区域云、边缘云之间应具有分布式的协同控制算法,以完成复杂交通场景下的控制任务;云控平台具应具备自主故障监测和容错控制能力,以确保车辆与道路交通总体功能的协调性;等等。云网一体化技术还需要解决管控融合、数据融合、算力融合、通信融合等基本问题。

(1)管控融合。通过中心云、区域云、边缘云提供标准化、一体化的算力、网络、安全等服务接口,将所有服务快速集成、统一编排、统一运维,提供融合的、智能化的管控体系。

(2)数据融合。将智能网联的所有感知数据、配置数据、安全数据、日志数据等数据信息融合成具有语义关联关系的数据集,基于大数据和人工智能的学习、分析、决策算法,提供安全、运维等多种智能服务,构建整个云网架构的智慧大脑。

(3)算力融合。云控平台对中心云、区域云、边缘云进行统一的算力管理和算力计算分配,实现泛在算力的灵活应用,满足智能网联场景各种业务的算力需求,将算力相关能力组件嵌入云网一体化框架中。

(4)通信融合。实现车内、车际、车与云三网融合的智能网联解决方案,支持技术上的前向兼容和后续演进。例如,实现车-云、路-云和云-云网关技术,以保障边缘云、区域云与中心云间跨域数据的标准与高效通信;还要实现低时延、高可靠的 V2X 通信技术、计算/存储/通信资源的联合优化管理技术和网络切片技术等。

◇ 7.4　云控平台能力

云控平台应该具备业务能力、设备运维管理能力、安全管理能力、边云协同能力、能力升级与开放等能力。

(1)业务能力。云控平台应具备感知道路环境的能力,能够与路侧设备、车载单元进行信息交互,实时感知交通态势。例如,对交通事故数、连接车辆数、拥堵路段、车型分布、车流量、事故高发路段排行、在线设备数等重要指标进行实时监测;通过路侧和车载感知异常事件并发送至云控平台,由云控平台再进行广播。

(2)设备运维管理能力。云控平台应具备路侧设备的状态监测、信号控制等能力。例如,提供 RSU 等设备状态实时监控,实时掌握设备情况,能够为运营管理人员提供日志分析、故障诊断工具,实现对故障的快速定界定位,协助实现设备故障的及时处理;对路侧信号控制设备、地基增强设备基于通信协议接入云控平台,进行实时监测和管理。

(3)安全管理能力。云控平台应具备数据安全能力、身份认证能力、证书管理能力、交通异常检测能力等。例如,通过身份认证机制防止不明身份攻击者对交互数据的篡改、控制、泄露等。

(4)边云协同能力。边云协同涉及资源协同、数据协同、智能协同、应用管理协同、业务管理协同和服务协同等,云控平台要具备这些协同能力。例如基于全局实时及历史感知数据,对区域驾驶行为进行微观实时协同,对交通进行宏观实时协同等。

(5)能力升级与开放能力。云控平台应具备安全的开放接口能力,并支持第三方平台开发新业务能力等。例如,第三方平台通过提供的数据开放接口,快速编排开发新业务,消解应用间的行为冲突,利用各应用的优势能力提升云控平台的车辆与交通运行性能。

◆ 7.5 云控平台应用

在云控平台之上的云控应用是面向智能网联的对人、车、路、云信息的有效融合,结合 C-V2X 通信技术和车辆远程控制技术,实现车辆行驶性能提升与运营全链路精细化管理的协同管控服务。云控平台应用主要是与车辆与交通大数据相关的应用,可以增强智能网联驾驶服务能力,降低交通事故伤亡概率,减少交通拥堵时间,提升交通效率。

7.5.1 智能网联驾驶服务

云控平台在智能网联驾驶服务方面主要有预见性协同感知服务、提示与预警服务、单车驾驶增强服务、协同驾驶服务等。

(1)预见性协同感知服务。云控平台通过全时空动态交通信息采集与云端融合,为交通参与者和管理者提供全局动态要素的实时动态感知信息,从而弥补了单车交通环境感知的局限性,增强了智能网联车辆的感知能力。

(2)提示与预警服务。云控平台基于全局和局部的动态实时交通信息,筛选出影响行车安全、效率等性能的动态目标,向车辆发出提示与预警,为智能网联车辆协同决策提供参考。

(3)单车驾驶增强服务。云控平台以当前车辆的周边交通实时环境信息为基础,为提高当前车辆的安全、效率等性能提供决策、规划或控制指令,通过 C-V2X 通信与当前车辆进行信息交互,从而为单车驾驶提供增强服务。

(4)协同驾驶服务。云控平台对局部交通实时环境进行感知融合,同时配合对智能交通设施的调控,实现局部环境中的智能网联车辆的信息共享和协同决策,通过提升多车安全、效率等综合性能的决策、规划或控制提供协同驾驶服务。

7.5.2　智能交通应用

云控平台在智能交通方面的应用主要有交通状态感知与预测服务、多车协同诱导服务、交通瓶颈消解服务、交通流优化服务等。

（1）交通状态感知与预测服务。云控平台基于智能网联数据,实现全局或局部的交通实时状态感知,提供交通状态监控、交通态势分析、交通流预测、交通态势预测等服务。

（2）多车协同诱导服务。云控平台根据已知的交通流中车辆目的地情况进行,综合计算,形成在路网中合理分配交通流的方案,将对应的诱导指令下发给可控车辆或者智能交通设施。

（3）交通瓶颈消解服务。云控平台根据局部区域交通实时状态的感知信息,分析和识别出交通瓶颈,同时结合对智能交通设施的调控,综合计算并给出优化多车通行的车辆决策、规划和控制指令,广播给智能网联系统中的相关车辆。

（4）交通流优化服务。云控平台基于开放共享的智能网联基础数据,对路网内实时的精细交通流状态进行分析研判,对交通流进行优化。

◇ 7.6　实践与练习

7.6.1　交通流优化控制策略

如何有效提高交通通行效率与行车安全一直都是智能交通领域研究的热点和难点问题。本实验给出交通流优化控制场景,如图 7.6 所示。

图 7.6　交通流优化控制场景

请读者在仿真平台上获取路口状况信息,根据路口饱和度、排队车辆数量、转向与停车数量占比等信息进行全局态势的分析,并对交通流量趋势进行预测,通过控制交通信号灯实现交通流的自适应控制。

7.6.2 仿真实现

本实验的核心在于交通流优化控制策略,可针对交通场景设计不同的模型,在仿真平台上进行验证。基于自适应信控优化的交通流优化效果如图 7.7 所示。

交通流优化

图 7.7 基于自适应信控优化的交通流优化效果

第 8 章

车路协同关键技术

◇ 8.1 概念与内涵

广义的车路协同是指通过多种技术交叉与融合,采用无线通信、传感探测等技术手段,实现对人、车、路信息的全面感知,发挥协同配合作用,以实现交通安全、高效、环保。

狭义的车路协同主要是指车路协同的自动驾驶,即在单车智能自动驾驶的基础上,通过先进的车、道路感知和定位设备(如摄像头、雷达等)对道路交通环境进行实时高精度感知定位,按照约定协议进行数据交互,实现车与车、车与路、车与人之间不同程度的信息交互共享(网络互联化),并涵盖不同的车辆自动驾驶阶段(车辆自动化),同时考虑车辆与道路之间的协同优化问题(系统集成化),通过车辆自动化、网络互联化和系统集成化,最终构建一个车路协同自动驾驶系统。智能网联交通三维体系发展架构如图 8.1 所示[①]。

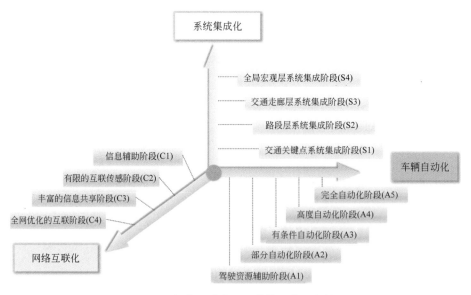

图 8.1 智能网联交通三维体系发展架构

① 冉斌,谭华春,张健,等. 智能网联交通技术发展现状及趋势[J]. 汽车安全与节能学报,2018,9(2): 119-130.

车辆自动化是车路协同自动驾驶系统中智能网联车辆发展维度,基于 SAE 的标准发展从低到高可以分为驾驶资源辅助、部分自动化、有条件自动化、高度自动化和完全自动化 5 个阶段;网络互联化是车路协同自动驾驶系统中智能网联通信发展维度,以实现人、车、交通环境之间的协同、互联,主要包含信息辅助、有限的互联传感、丰富的信息共享和全网优化的互联 4 个阶段;系统集成化是车路协同自动驾驶系统的集成性发展维度,发展需要经历关键节点系统集成、路段层系统集成、交通走廊层系统集成和全局宏观层系统集成 4 个阶段。

◇ 8.2　发展阶段

车路协同是一个由低至高的发展历程,主要包括信息交互协同、感知预测决策协同和协同决策控制 3 个阶段,如图 8.2 所示。

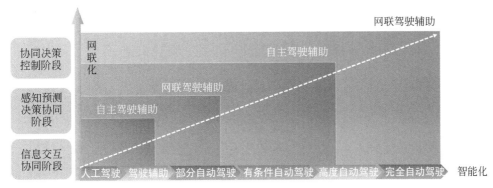

图 8.2　车路协同发展阶段

1. 信息交互协同阶段

采用先进的无线通信和新一代互联网等技术,全方位实现车与车、车与路等动态实时信息交互和共享,主要体现在交通参与者对环境信息的采集与融合层面。例如车载端智能设备与路侧端智能设备之间进行直连通信,实现车辆与道路的信息交互与共享,可实现碰撞预警、道路危险提示等应用场景。

2. 感知预测决策协同阶段

随着路侧感知能力的提高,在信息交互协同的基础上,增加了智能道路智能设施,对交通环境信息进行全时空动态的协同感知,从而实现车路协同感知、预测、决策功能,主要体现在交通参与者对环境信息的全面采集以及驾驶决策层面。

3. 协同决策控制阶段

在感知预测决策协同的基础上,道路具备车路协同决策控制的能力,最终实现在任何条件环境下的车种全面协同感知和协同决策控制,保障自动驾驶安全,提高交通效率,主要体现在交通参与者对环境信息的全面采集、驾驶决策和控制执行的整个层面。

◈ 8.3　体 系 架 构

要实现车路协同,需要结合环境感知、高精度地图与高精度定位、协同决策与协同控制、高可靠低时延网络通信、云平台、信息交互安全等技术,基于端、边、云3层架构,实现环境感知、数据融合计算和决策控制,从而提供安全、高效、便捷的智慧交通服务。图8.3给出了车路协同体系架构。

图 8.3　车路协同体系架构

1. 终端层

终端层是交通服务中实际参与的实体元素,可分为车载终端和路侧终端,其中包括以下几类设备和设施:实现通信功能的车载单元(OBU)、路侧单元(RSU)等,实现感知功能的摄像头、雷达等,以及红绿灯、公告牌、电子站牌等路侧交通设备。终端层可以实现车辆之间的互联、监测以及路侧端的环境监测,进行信息数据交互。

2. 边缘层

边缘层提供车辆终端实时接入、路侧传感数据融合计算、分析及边缘侧应用托管、对路况的数字化感知和就近云端算力部署、对道路交通状态的实时监测等功能,同时支持边缘节点间数据同步、计算协同、业务连续性保持等能力,以满足车路协同边缘侧业务的需求,并负责与路侧系统协同。

3. 云端

云端是主要负责数据汇集、计算、分析、决策以及基本运维管理功能的云控平台,通过

网络管理各个边缘云,实现中心云、区域云、边缘云在资源、安全、应用、服务上的多项
协同。

4. 通信网络

通信网络是实现交通各实体元素互联互通的网络,包括 4G/5G 和 C-V2X 等。通信
网络支持根据业务需求灵活配合,为人、车、路、云提供低延时、高可靠、快速接入的网络环
境,保障通信的安全可靠和信息的实时交互。

◆ 8.4　路侧智能设备

路侧智能设备作为道路基础设施网络化、智能化的关键基础设备,将承担道路与车辆
之间通信的重任。路侧智能设备包括通信类路侧单元、感知类基础设施(传感器等)、功能
类基础设施(信号机等)。其中通信类路侧单元是部署在路侧的通信网关,汇集道路智能
感知设备和智能交通基础设施的信息,上传至云控平台,并将交通信息下发至车辆。路侧
智能设备如图 8.4 所示。

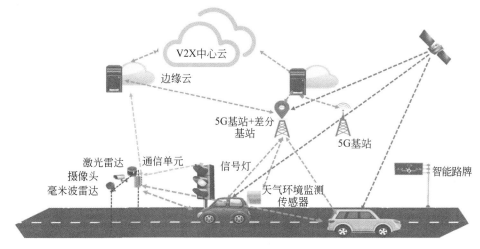

图 8.4　路侧智能设备

1. 通信类路侧单元

通信类路侧单元采集当前的道路状况、交通状况等信息,通过通信网络将信息传递至
指挥中心或路侧处理单元进行处理,在裁定相关信息后通过网络传递至车载终端,辅助驾
驶员进行驾驶操作。

2. 感知类基础设施

感知类基础设施包括激光雷达、高清摄像头、毫米波雷达等,这些路侧设备可在交通
场景中准确采集、获知车、路实时状态信息,为车路协同提供基础数据。

3. 功能类基础设施

功能类基础设施主要包括信号灯控制机、电子站牌、差分基站等设备。例如,信号灯控制机实现不同流向的车流量的动态管理,根据路侧的探测设备将车流量信息及时传送到信号灯控制机平台,信号灯控制机根据车流量的大小动态确定高速红绿灯的持续时间,从而达到提升城区交通效率的目的;差分基站的定位精度可以达到米级甚至亚米级,支撑智能交通系统提供准确的车辆定位、路线规划、高精度地图匹配下载等服务。

◇ 8.5 车 载 终 端

车载终端主要是指车载单元,该设备安装在车辆上,能起到增强对行车环境和车辆运行状态的感知、加强行车安全的作用。车载终端主要实现信息的采集、处理和通信,同样也支持移动蜂窝网 Uu 口和 PC5 直连。

车载终端的主要功能包括车辆运动状态获取、行车环境信息感知、车辆定位信息获取、信息交互、信息处理及管理、安全报警与预警等。车载终端具备通信能力、存储能力以及简单的数据处理和计算能力,可实现安全类、效率类以及信息服务类等多种业务。例如,车载终端通过 Uu 接口与云控平台互联,上传车辆位置等信息至云控平台,云控平台下发交通信号、路况、控制等信息至车辆;车载终端通过 PC5 接口获取路侧单元的广播数据,实现红绿灯信息推送、车速引导等车路协同应用场景。

◇ 8.6 通 信 网 络

车路协同的通信网络主要包括车内网(信息服务类)、车际网(安全与效率服务类)、车云网(协同服务类业务)3 个网络层级(如图 8.5 所示),通过三网融合实现车路协同之间通信的无缝连接,提高通信效率,减少通信盲区。

图 8.5 车路协同通信网络

1. 车内网

车内网实现车内各设备之间的通信、车与车之间的通信以及车与各终端之间的通信。例如,车辆与内部传感器采用有线连接、CAN 总线、高速以太网等,车辆与手机等设备采用无线连接(包括蓝牙、WiFi、NFC 等)。

2. 车际网

车际网实现车与车、车与路、车与网、车与人之间的互联互通。车际网主要采用专用中短距离通信技术(包括 DSRC、LTE-V、5G 等)实现车-车、车-路协同,这些通信技术具有时延短、可靠性高等特点。

3. 车云网

车云网是指车辆与云端之间的通信。目前用于车云网的通信技术有 3G/4G/5G、C-V2X 等,这些通信技术具有覆盖范围广、时延较大等特点,不适合紧急安全应用。

目前车际网和车云网主要使用 C-V2X 实现通信。C-V2X 是基于蜂窝移动通信技术的车用无线通信技术。车路协同中常用的通信有两种方式:一种是车、人、路之间的短距离直接通信接口(PC5);另一种是终端和基站之间的通信接口(Uu),可实现长距离和更大范围的可靠通信。车际网和车云网也可以采用基于直连方式的通信,路侧单元基于直连信道(采用 PC5 接口)与其附近(视距覆盖范围内)搭载了 V2X 车载单元的车辆进行通信,实现车路协同,同时车辆间也可通过 PC5 接口实现低时延、高可靠的通信。车际网和车云网也可以采用基于 4G/5G 网络的通信,路侧单元、车辆均通过 4G/5G 信道(采用 Uu 接口)与云控平台相连,实现车路协同通信。

◆ 8.7　应用探索

车路协同应用场景目前正从信息服务类应用向交通安全和效率类应用发展,并将逐步向支持实现自动驾驶的协同服务类应用演进。车路协同应用场景可分为基础应用场景和增强应用场景。

8.7.1　基础应用场景

基础应用场景主要是基于车与车、车与路间的状态共享,通过车辆自身的分析决策提前消减冲突或获知交通信息。表 8.1 给出了车路协同基础应用场景。

例如,基于感知数据共享的基础应用场景,车辆与路侧单元通过自身搭载的感知设备(摄像头、雷达等传感器)探测到周围其他交通参与者或者道路的异常情况,通过 V2X 共享给周围的车辆,减少因为视距限制而出现的交通事故。

表 8.1   车路协同基础应用场景

序号	类别	通信模式	基础应用场景
1	安全	V2V	前向碰撞预警
2		V2P/V2I	交叉路口碰撞预警
3		V2P/V2I	左转辅助
4		V2V	盲区预警/变道辅助
5		V2V	逆向超车预警
6		V2V	紧急制动预警
7		V2V	异常车辆提醒
8		V2V	车辆失控预警
9		V2I	道路危险状况提示
10		V2I	限速预警
11		V2I	闯红灯预警
12		V2P/V2I	弱势交通参与者碰撞预警
13	效率	V2I	绿波车速引导
14		V2I	车内标牌
15		V2I	前方拥堵提醒
16		V2V	紧急车辆提醒
17	信息服务	V2I	车辆近场支付

8.7.2   增强应用场景

增强应用场景更多地强调人、车、路之间的交互，更加体现车路协同的技术趋势。例如，在协作式变道场景中，车辆在行驶过程中需要变道，将其行驶意图通过 V2X 发送给周围车辆和路侧单元，相关车辆接收到信息后做出调整，保证其安全完成变道操作。表 8.2 给出了车路协同增强应用场景。

表 8.2   车路协同增强应用场景

序号	类别	通信模式	增强应用场景
1	安全	V2V	协作式变道
2		V2I	协作式匝道汇入
3		V2I	协作式交叉口通行
4		V2V/V2I	感知数据共享/车路协同感知
5		V2I	道路障碍物提醒
6		V2P	慢行交通轨迹识别及行为分析

续表

序号	类　别	通信模式	增强应用场景
7	综合	V2V	车辆编队
8	效率	V2I	协作式优先车辆通行
9		V2I	动态车道管理
10		V2I	车辆路径引导
11	信息服务	V2I	场站进出服务
12		V2I	浮动车数据采集
13		V2I	差分数据服务

以协作式优先车辆通行场景为例,优先车辆包括警车、消防车、救护车、工程抢险车、事故勘查车等,云控平台针对这一场景采取提前预留车道、封闭道路或切换信号灯等方式,为优先车辆提供安全、高效到达目的地的绿色通道。

◇ 8.8　实践与练习

8.8.1　场站路径引导服务

在停车场、加油站、高速服务区等场地,路侧单元为进入的车辆提供路径引导服务,如图 8.6 所示。

图 8.6　场站路径引导服务

8.8.2　协作式车辆编队管理

在协作式车辆编队管理场景中,由手动驾驶或者自动驾驶的头车带领,其后由若干自动驾驶车辆组成,呈一个队列的行驶形态前进,车队成员保持与前车一定的车距以及稳定的车速,在有序行驶的状态下巡航,如图 8.7 所示。

图 8.7   协作式车辆编队管理

8.8.3   弱势群体安全通行

在弱势群体安全通行场景中,行人通过其无线通信设备与车辆进行通信,对车辆进行潜在的碰撞风险预警,如图 8.8 所示。

图 8.8   弱势群体安全通行

8.8.4   交叉路口协作式通行

针对交叉口的拥堵问题,通过交叉口处的动态划分车道功能可以实现对交叉口进口道的空间资源进行实时的合理分配,如图 8.9 所示。

图 8.9　交叉路口协作式通行

8.8.5　匝道协作式通行

在高速公路或快速道路入口匝道处,路侧单元获取周围车辆运行信息和行驶意图,通过发送车辆引导信息,协调匝道和主路汇入车道的车辆,引导匝道车辆安全、高效地汇入主路,如图 8.10 所示。

图 8.10　匝道协作式通行

第 9 章

测试与评价关键技术

本章介绍智能网联汽车的测试与评价涉及的测试场景、测试方法、测试流程和评价体系。

注：目前智能网联的测试与评价体系还没有建立起来，本章内容以中国智能网联汽车产业创新联盟等编制的《智能网联汽车产品测试评价白皮书》《智能网联汽车自动驾驶功能测试规程(试行)》《智能网联汽车道路测试与评价规程》为编写依据。

◈ 9.1 测 试 场 景

测试场景是支撑智能网联汽车测试与评价技术的核心要素与关键技术。测试场景是指在一定的时间和空间范围内，自动驾驶汽车与行驶环境中的其他车辆、道路、交通设施、气象条件等元素综合交互过程的一种总体动态描述。它是自动驾驶汽车的驾驶情景与行驶环境的有机组合，既包括各类实体元素，也涵盖了实体执行的动作及实体之间的连接关系。

9.1.1 场景要素

美国国家公路交通安全管理局(NHTSA)提出了智能网联车辆测试场景的框架，具体包括动态驾驶任务(Dynamic Driving Task，DDT)、运行设计域(Operational Design Domain，ODD)、目标和事件检测与响应(Object and Event Detection and Response，OEDR)和失效模式(Failure Mode，FM)，从车辆功能特征的角度对测试场景进行描述。

DDT 是指在道路上驾驶车辆时需要做的实时操作和决策行为，操作包括转向、加速和减速，决策包括路径规划等。

ODD 是为了确保可追溯性而将操作环境限制为人类驾驶员可以处理的所有可能情况的一个子集，是一种限制系统运行环境的方法。

OEDR 是指驾驶员或自动驾驶系统对突发情况的探测和应对。在自动驾驶模式下，系统负责 OEDR，应对可能影响安全操作的其他事物并进行检测和响应。

FM 是为保证自动驾驶的安全性，通过设置一些失效模式，如注入故障、超出 ODD、传感器失效等，验证车辆的失效响应能力。

现阶段针对场景要素的种类和具体内容仍没有形成统一的标准。目前行业主要依据德国 PEGASUS 项目提出的场景 6 层模型进行场景要素分类,如图 9.1 所示。

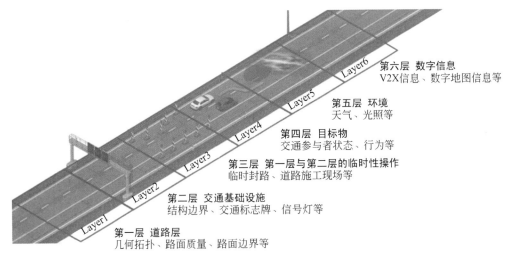

图 9.1 场景要素分类(PEGASUS 6 层模型)

第一层为道路层,包含的要素主要有道路几何拓扑、路面质量、路面边界等;第二层为交通基础设施,包含的要素主要有结构边界、交通标志牌、信号灯等;第三层是第一层与第二层的临时性操作,包含的要素主要有道路的临时性设施,如临时封路、道路施工现场等;第四层为目标物,包含的要素主要有交通参与者状态、行为等;第五层为环境,包含的要素主要有天气、光照等;第六层为数字信息,包含的要素主要有 V2X 信息、数字地图信息等。

9.1.2 场景构建

场景构建所需的数据源一般是真实数据、模拟数据和专家经验数据等。真实数据主要包括自然驾驶数据、事故数据、路侧单元监控数据、驾驶人考试数据、封闭试验场测试数据、开放道路测试数据等;模拟数据主要包括驾驶模拟器数据和仿真数据;专家经验数据主要来自标准法规测试场景。图 9.2 给出了测试场景数据来源。

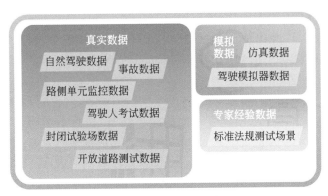

图 9.2 测试场景数据来源

在场景构建方面,同样参考德国 PEGASUS 项目的仿真场景构建过程,主要分为 3 个阶段,分别为功能场景(functional scenarios)、逻辑场景(logical scenarios)和具体场景(concrete scenarios),如图 9.3 所示。

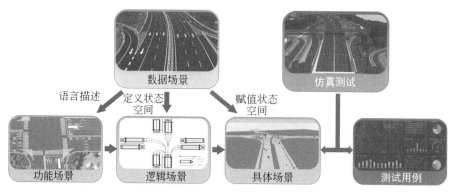

图 9.3 仿真场景构建流程

(1)功能场景。融合道路信息、本车信息、交通参与者信息和环境信息,以文字的形式对功能场景进行具体描述,考虑并设计不同场景下的场景元素。

(2)逻辑场景。基于真实采集数据、事故数据、标准法规数据和专家经验数据等数据来源选取参数,将功能场景包含的信息变量化并指定相应的参数空间范围。

(3)具体场景。基于参数空间范围,通过选取具体参数构建具体场景,得到测试用例。

在进行不同数据来源的场景用例设计时,首先对其操作场景进行语义描述,得到功能场景;然后通过参数化定义操作场景的状态空间,得到逻辑场景;接着对操作场景的状态空间参数进行赋值,得到具体场景;最后通过软件建模复现具体场景,得到测试用例。

9.2 测试方法

2018 年,联合国世界车辆法规协调论坛(UN/WP.29)自动驾驶与网联车辆工作组(GRVA)提出目前最被国际社会认可的自动驾驶测试方法——"多支柱法"自动驾驶测试准则,即通过仿真测试、场地测试和实际道路测试等多种途径与方式进行测试。其中,利用仿真测试覆盖全场景,利用场地测试覆盖典型场景和危险场景,利用实际道路测试覆盖典型场景,综合测试自动驾驶系统在各种交通情况下的安全性和鲁棒性。

9.2.1 仿真测试

仿真测试应覆盖 ODD 范围内可预测的全部场景,包括不易出现的边角场景,覆盖 ODD 范围内全部自动驾驶功能。典型的仿真测试流程包括测试需求分析、测试资源配置、接口定义、设计测试用例、执行测试、出具测试报告以及形成评价结论 7 个主要环节。

1. 测试需求分析

针对测试目标,规范对应的测试对象、测试项目、测试方法、测试资源配置、接口规范、数据存储、评价方案和结果展示的具体要求,确定仿真测试任务的输入和输出,指导测试工作的开展。

2. 测试资源配置

根据测试需求分析的结果,确定仿真测试所需资源,如仿真模型要求、设备需求等,并对仿真系统进行参数设置,包括车辆模型配置、静态场景配置、动态场景配置、传感器模拟配置、控制器配置等。

3. 接口定义

根据仿真测试对象确定用软件还是实物实现驾驶自动化系统的各部分,确定仿真系统各部分之间的接口关系,匹配各子系统和单元间的接口,包括车辆模型、环境模型、传感器模型、执行器和控制器之间的接口等。

4. 设计测试用例

根据自动驾驶功能及 ODD 设计测试用例,确定测试方案,确定仿真测试平台依据的测试规则,从基础场景开始逐步增加测试场景,规定通过条件。

5. 执行测试

仿真测试包括单一场景输入测试和路网连续里程测试,在通过了单一场景输入测试后进行路网连续里程测试。当发现某测试场景结果为不通过时,可终止单项测试或者重启仿真测试流程。

6. 出具测试报告

通过软件进行自动化测试结果的数据处理,并根据规范生成测试报告,报告应包括测试对象、测试人员、测试时间、测试结果和测试数据等内容。

7. 形成评价结论

测试结果应比对标准值和历史数据,形成评价结果的评分。

仿真测试覆盖全场景测试,包括典型场景、危险场景和边缘场景。仿真测试的优点是:测试过程可控、可预测、可重复,测试场景可泛化,测试过程高效、安全;缺点是:测试过程还原度不可控,难以定义未知情况,仿真结果受软件影响。

9.2.2　场地测试

通过场景的解构与重构,对智能网联车辆进行仿真测试和封闭场地测试已成为业内公认的最佳测试手段。这里的场地测试主要是指封闭场地测试,是指通过预先设定的场景并要求车辆完成某项特定目标或任务的方式对系统进行的测试。表 9.1 给出了智能网联车辆场地测试项目及测试场景。

表 9.1　智能网联车辆场地测试项目及测试场景

序号	测 试 项 目	测 试 场 景
1	交通标志和标线的识别及响应	限速标志识别及响应
		停车让行标志标线识别及响应
		车道线识别及响应
		人行横道线识别及响应
2	交通信号灯识别及响应	机动车信号灯识别及响应
		方向指示信号灯识别及响应
3	前方车辆行驶状态识别及响应	车辆驶入识别及响应
		对向车辆借道本车车道行驶识别及响应
4	障碍物识别及响应	障碍物测试
		误作用测试
5	行人和非机动车识别及避让	行人横穿马路
		行人沿道路行走
		两轮车横穿马路
		两轮车沿道路骑行
6	跟车行驶	稳定跟车行驶
		停-走功能
7	靠路边停车	靠路边应急停车
		最右车道内靠边停车
8	超车	超车
9	并道	邻近车道无车并道
		邻近车道有车并道
		前方车道减少
10	交叉路口通行	直行车辆冲突通行
		右转车辆冲突通行
		左转车辆冲突通行
11	环形路口通行	环形路口通行
12	自动紧急制动	前车静止
		前车制动
		行人横穿
13	人工操作接管	人工操作接管

续表

序号	测试项目	测试场景
14	联网通信	长直路段车-车通信
		长直路段车-路通信
		十字交叉口车-车通信
		编队行驶测试

例如,针对限速标志识别及响应功能及场景的测试如下。

(1) 测试场景。测试道路为至少包含一条车道的长直道,并于该路段设置限速标志。测试车辆以高于限速标志的车速驶向该标志,如图 9.4 所示。

图 9.4　限速标志识别及响应测试场景

(2) 测试方法。测试车辆在自动驾驶模式下,在距离限速标志 100m 前达到限速标志所示速度的 1.2 倍,并匀速沿车道中间驶向限速标志。

(3) 要求。测试车辆到达限速标志时,车速应不高于限速标志所示速度。

场地测试可以搭建出已知的一些危险而又罕见的测试场景,提高闭环测试效率。场地测试可以用来验证仿真测试的精度和质量,方法是搭建相同的场景并对比二者的测试结果。场地测试的优点是测试过程可控、真实、可复现,缺点是测试过程耗时耗力、测试成本较高、测试灵活性有限、测试过程存在安全风险。

9.2.3　实际道路测试

实际道路测试是在被测车辆通过了对应的仿真测试、封闭场地测试后再开展的。智能网联车辆实际道路测试可利用实际道路各种事件随机化的特点验证自动驾驶车辆在实际道路上运行的安全性、对于不同的随机动态事件的应对方式、对于实际道路上经常出现的典型动态事件的响应是否符合预期,也就是对于整体道路交通环境的安全性进行测试和验证。因此,实际道路测试是自动驾驶系统测试及评价过程中不可或缺的重要环节,也被普遍认为是量产自动驾驶产品在市场准入前必经的最后一步。但是国际范围内对于实际道路测试方法目前仍处于研究探讨阶段,暂未明确具体的测试与评价方法及要求。

实际道路测试考察的是自动驾驶车辆对于道路交通流的影响,以及长时间测试对于乘客体验的影响,关注的是常见的场景、情况,不必搭建场景,可以通过选择道路、控制测试执行时间、选择合适的车流量作为前提条件,保证关注的考核情况出现。因此,在实际道路测试中,应关注自动驾驶车辆环境范围内所包含的道路类型、车道数量、路面情况和交通设施等。

实际道路测试的优点是:测试过程真实有效,可用于测试未知情况,测试过程兼顾数据采集,而且实际道路测试的行驶表现、测试结果也可以作为封闭场地测试和仿真测试结果的对比;其缺点是:测试过程受控性差,测试过程难以复现,测试周期较长。

◇ 9.3 测 试 流 程

基于"多支柱法"自动驾驶测试准则的整体测试流程是:首先选定测评车型,根据是否具备仿真测试条件进行仿真测试或者审核。如果具备仿真测试条件,则依据仿真测试流程验证全部的 ODD 和自动驾驶功能;如果不具备仿真测试条件,则对安全、体验、配置进行综合审核与评价。其次进行场地测试,按照具体车型选定不同的测试用例进行封闭场地测试。最后进行实际道路测试,首先需要获取实际道路测试牌照,然后根据产品声明的 ODD 确定测试路段。在测试过程中,必须达到一定的测试时长和里程,覆盖自动驾驶车辆必备功能,充分验证自动驾驶车辆的功能和性能表现。图 9.5 给出了基于"多支柱法"自动驾驶准则的测试流程。

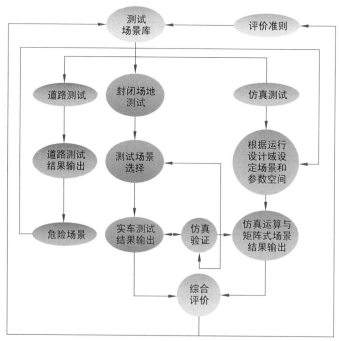

图 9.5 基于"多支柱法"自动驾驶准则的测试流程

　　场地测试与实际道路测试均属于传统测试技术,要求使用真实车辆在真实世界进行测试,在场景覆盖面及测试效率上存在较大局限。在此背景下,仿真测试技术可以弥补真实车辆测试的不足之处。仿真测试可以模拟真实世界中出现概率极低的危险场景,从而可以使自动驾驶系统在更加丰富和复杂的场景中进行高频度的有效测试,在保障安全和高效的前提下实现更充分的测试效果,提高自动驾驶功能开发和测评的可靠性。

◇ 9.4　评价体系

　　提升道路安全与行驶效率是智能网联的主要目的,因此安全性能直接影响着自动驾驶车辆的性能评价结果,属于测试中的一票否决项,若车辆的安全性能未通过测试,则本次测试未通过。在保障安全的前提下,用户体验的好坏和配置性能也是智能网联的重要方面。在一定程度上,安全和体验可以代表智能网联车辆的综合性能表现。图 9.6 给出了智能网联评价体系。

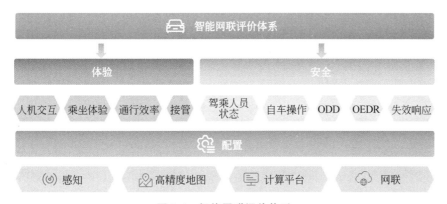

图 9.6　智能网联评价体系

9.4.1　安全

　　安全基于连续性测试场景,从驾乘人员状态监控、自车操作、ODD、OEDR 以及失效响应 5 个维度进行评价,如图 9.7 所示。

　　驾乘人员状态监控是指对驾驶员的接管能力和乘客的安全行为进行监控;自车操作是指相应测试场景下需要执行的驾驶任务及执行驾驶任务的性能指标,驾驶任务包括纵向操作(如加速、减速)和横向操作(如变道、超车),自车性能包括碰撞时间、跟停距离,可区分同一场景下不同自动驾驶车辆的安全能力;ODD 指自动驾驶系统的测试运行范围,包括道路、天气条件和交通情况等;OEDR 指相应测试场景下自动驾驶系统需要探测的物体或者事件以及做出的响应;失效响应指相应测试场景下自动驾驶系统失效的响应模式,失效原因主要包括传感器失效、超出 ODD 等,响应模式主要包括人工接管操作、车道内停车和靠边停车等。

图 9.7   安全评价维度

9.4.2   体验

体验基于实际连续测试场景,从人机交互、乘坐体验、通行效率、接管 4 个维度进行的主观和客观评价,如图 9.8 所示。

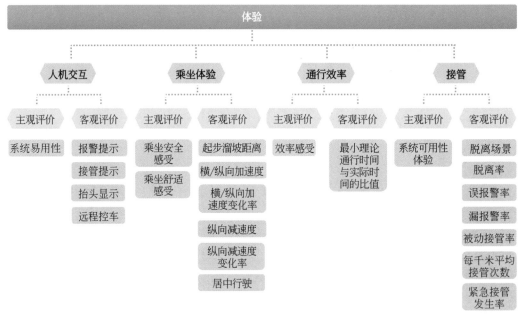

图 9.8   体验评价维度

其中,人机交互是对系统易用性进行的主观评价以及对报警提示、接管提示、抬头显示、远程控车等具体指标进行的客观评价;乘坐体验是对乘坐安全感受和乘坐舒适感受方面进行的主观评价以及对起步、转弯、加速、减速等具体参数要求进行的客观评价;通行效率是对效率感受方面进行的主观评价以及采用最小理论通行时间与实际使用时间的比值方式进行的客观评价;接管是对系统可用性体验进行的主观评价以及对脱离场景、脱离率、误报警率、漏报警率、被动接管率、每千米平均接管次数和紧急接管发生率进行的客观评价。

9.4.3　配置

智能网联系统通过摄像头、激光雷达、毫米波雷达、超声波雷达等车载传感器感知周围的环境,结合高精度地图或网联等信息,依据获取的信息进行决策判断、路径规划与控制执行。智能网联车辆基于车辆的智能化、网联化配置,可以有效保障车内驾乘人员及其他道路使用者的生命安全,还可以带来更加舒适的驾乘体验。图 9.9 给出了配置评价维度。

图 9.9　配置评价维度

其中,感知体现的是自动驾驶系统对于环境的场景理解能力,可从传感器数量、传感器性能这两个指标进行评价;高精度地图能够提供准确而详细的道路特征信息,在环境感知辅助、路径决策与规划和高精度定位辅助方面发挥重要作用,主要通过更新时间和数据精度进行评价;计算平台能够体现智能网联汽车实时分析、处理海量数据与进行复杂逻辑运算的能力,通过自动驾驶需要的算力、能效和时延进行评价;网联通过车辆与其他车辆、道路使用者和道路基础设施之间的通信减少非视距危险事故,同时提高自动驾驶效率,可通过通信方式、网联数据发送能力和网联数据使用能力进行评价。配置得分可作为性能评价的辅助指标,以体现关键零部件的水平、处理复杂使用场景的能力上限。

9.5　实践与练习

安全文明驾驶是在道路上驾驶车辆的所有人都应该具备的基本素质,遵守交通规则、礼让其他行人、礼让其他车辆、不饮酒驾车、适当控制行车速度、礼让校车等特种车辆都是安全文明驾驶场景中需要测试和评价的要素。本实验提供了两个安全文明驾驶场景和 3

个危险驾驶场景,请设计和实现安全文明驾驶行为并建立测试和评价体系,评估其合理性。

9.5.1　安全文明驾驶场景——礼让校车

礼让校车

《校车安全管理条例》第三十三条规定:校车在道路上停车上下学生,应当靠道路右侧停靠,开启危险报警闪光灯,打开停车指示标志。校车在同方向只有一条机动车道的道路上停靠时,后方车辆应当停车等待,不得超越。校车在同方向有两条以上机动车道的道路上停靠时,校车停靠车道后方和相邻机动车道上的机动车应当停车等待,其他机动车道上的机动车应当减速通过。校车后方停车等待的机动车不得鸣喇叭或者使用灯光催促校车。礼让校车场景如图 9.10 所示。

图 9.10　礼让校车场景

请根据礼让校车规则在仿真平台上进行测试并建立评价体系。

9.5.2　安全文明驾驶场景——并道礼让

参照多省道路交通安全法实施办法,左右两侧车道的车辆向同一车道变更时,左侧车道的车辆让右侧车道的车辆先行。这是因为两车若发生碰撞,右侧车驾驶员将处于比较

危险的境地,所以两侧车辆同时并入中间车道时,左侧车要让右侧车先行。并道礼让场景
如图 9.11 所示。

图 9.11　并道礼让场景

　　请根据并道礼让规则在仿真平台上进行测试并建立评价体系。

9.5.3　危险驾驶场景——醉酒驾驶

　　根据《中华人民共和国道路交通安全法》规定,在道路上驾驶机动车,血液酒精含量达
到 80 毫克/100 毫升以上的,属于醉酒驾驶机动车。醉酒驾驶机动车的,由公安机关交通
管理部门约束至酒醒,吊销机动车驾驶证,依法追究刑事责任,五年内不得重新取得机动
车驾驶证。

　　本实验通过仿真平台模拟了醉酒驾驶场景,请根据醉酒驾驶相关场景进行安全体验
和仿真测试。醉酒驾驶场景如图 9.12 所示。

图 9.12　醉酒驾驶场景

9.5.4　危险驾驶场景——旁车制动

　　本实验仿真一起典型的忽视旁车制动而引发的交通事故。当前车辆正常行驶过程中,突然出现相邻车道一辆或两辆车的刹车灯亮起,这种情况下大概率是有行人或非机动车正在横穿马路,此时当前车辆由于存在视觉盲区,正确的处理方式应该是提高警惕并降低车速,不能贸然超车,从而避免事故的发生。旁车制动场景如图 9.13 所示。

图 9.13　旁车制动场景

图 9.13　（续）

请考虑当自动驾驶车辆遇到类似危险场景时应该如何应对这类突发状况。请在仿真平台上进行测试并建立评价体系。

9.5.5 危险驾驶场景——三车关联事故

本实验仿真一起典型的三车关联交通事故。视频车(黑色车)右侧白色车在正常行驶中遇到突然驶入主路的 SUV。在这种情况下,驾驶员可能会有两种行为。如果驾驶员经验丰富,他可能会减速停车,如果驾驶员缺乏经验,他或许会直接打方向盘变道。此时,视频车如果继续行驶,就可能会发生碰撞,所以此时应当减速,而不是强行超越白色车;而白色车应当减速停车,不能贸然变道,以免与其他车辆发生碰撞。三车关联事故场景如图 9.14 所示。

三车关
联事故

视频车右侧白色轿车在正常行驶中遇到突然驶入主路的SUV

他可能会减速停车

图 9.14 三车关联事故场景

图 9.14　（续）

请考虑当自动驾驶车辆遇到类似危险场景时应该如何应对这类突发状况。请在仿真平台上进行测试并建立评价体系。

9.5.6　交通安全场景——远近光灯

根据《中华人民共和国道路交通安全法实施条例》第四十八条规定：在没有中心隔离设施或者没有中心线的道路上，夜间会车应当在距相对方向来车 150 米以外改用近光灯，在窄路、窄桥与非机动车会车时应当使用近光灯。第五十一条第三款规定：机动车通过有交通信号灯控制的交叉路口，夜间行驶开启近光灯。第五十八条规定：机动车在夜间没有路灯、照明不良或者遇有雾、雨、雪、沙尘、冰雹等低能见度情况下行驶时，应当开启前照灯、示廓灯和后位灯，但同方向行驶的后车与前车近距离行驶时，不得使用远光灯。机动车雾天行驶应当开启雾灯和危险报警闪光灯。第五十九条规定：机动车在夜间通过急弯、坡路、拱桥、人行横道或者没有交通信号灯控制的路口时，应当交替使用远近光灯示意。远近光灯场景如图 9.15 所示。

远近光灯

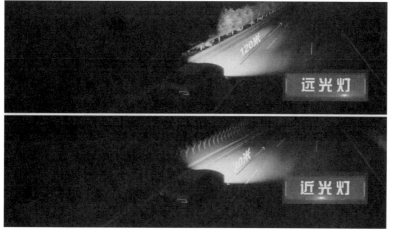

图 9.15　远近光灯场景

夜间在照明不良条件下行驶时

在没有中心隔离设施的道路上会车时

远光灯刺目的光芒会造成对向来车驾驶员的视觉盲区

图 9.15 （续）

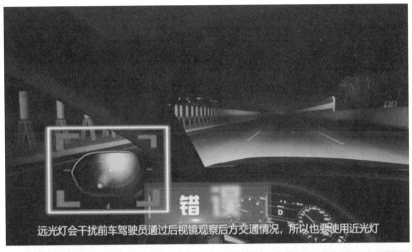

图 9.15 （续）

请考虑当自动驾驶车辆遇到类似场景时应该如何进行测试并建立评价体系。

智能网联仿真平台开发指南

目前市面上的仿真平台主要是以支持 ADAS 开发为主的自动驾驶仿真平台,如 AAI、ANSYS-OPTIS、CARLA、Cognata、Dassault、dSPACE、IPG-Carmaker、Mathworks、Metamoto、MSC-VIRES、ParallelDomain、TASS-PreScan、VI-Grade 等。为了让读者更好地理解智能网联技术,我们自主设计和研发了针对智能网联的仿真平台(以下简称本平台)。

◆ 10.1 平台简介

本平台的核心是多用户同时参与的分布式仿真协同机制,在这个环境中,位于不同物理位置的多个用户可以不受各自的时空限制,在一个共享的虚拟现实环境中进行实时交互、协同工作,在安全可控的情况下完成无人驾驶、车路协同等需要多目标协同的应用场景开发、测试及展示。图 10.1 给出了本平台的组成。

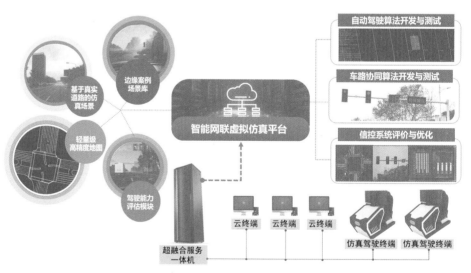

图 10.1 平台的组成

　　本平台具备二次开发能力,读者可以自己编程实现或优化相关智能算法(道路规划算法、车辆控制算法、碰撞检测算法等)接入平台进行测试和验证,从而加深对自动驾驶技术及智能网联技术的理解。

　　本平台的第一个基本能力是真实还原测试场景的能力,结合专业游戏引擎、工业级车辆动力学模型、虚实一体交通流等技术打造了虚实结合、线上线下一体的真实场景高度还原仿真平台,使环境和测试车辆条件都与现实世界相同。并且对不同天气和光照条件等环境以及测试车辆的感知能力、决策能力和车辆控制均可以仿真实现,如图 10.2 所示。

图 10.2　真实还原测试场景

　　本平台的第二个基本能力是自研的轻量级高精度地图,自定义轻量级高精度地图格式和强大的编辑工具,简单高效,易于上手,对路口待转区、潮汐车道、公交车道、可变车道、HOV 车道等特殊车道均提供友好支持,如图 10.3 所示。本平台还支持主流高精度地图格式的互转,如可转换为 OpenDrive 格式。

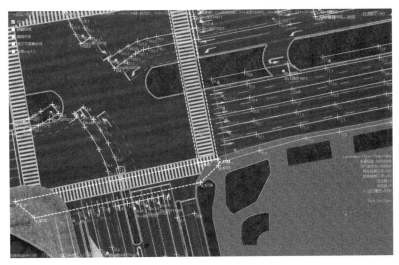

图 10.3　轻量级高精度地图

　　本平台的第三个基本能力是驾驶能力综合评估,可以实现交通法规符合性测试、夜间驾驶能力评估、文明驾驶场景测试等综合评估,如图 10.4 所示。

交通法规符合性测试　　　　　夜间驾驶能力评估　　　　　文明驾驶场景测试

图 10.4　驾驶能力综合评估

本平台的第四个基本能力是支持大规模联机对抗能力（目前测试支持超过 1000 个受控对象），可实现对机动车、非机动车、行人等的联机控制，如图 10.5 所示。

图 10.5　大规模联机对抗能力

同时，本平台拥有丰富的案例场景库，包括自然驾驶场景、危险工况场景、标准法规场景、边缘案例场景等，实现了对现实世界的真实场景仿真，基本上覆盖了所有功能测试和功能安全性验证。本平台支持云终端、模拟器、控制器等多种形式的接入，能够很好地体现测试的随机性、复杂性、典型性区域等特点。交通突发状况处置测试如图 10.6 所示。潜在危险场景处置测试如图 10.7 所示。

图 10.6　交通突发状况处置测试

此时黑车因没有足够安全距离

图 10.7　潜在危险场景处置测试

🔷 10.2　平 台 架 构

本平台由车载开发端、路侧开发端、模型文件、规划决策模块、运动控制模块和路侧端控制模块组成,如图 10.8 所示。

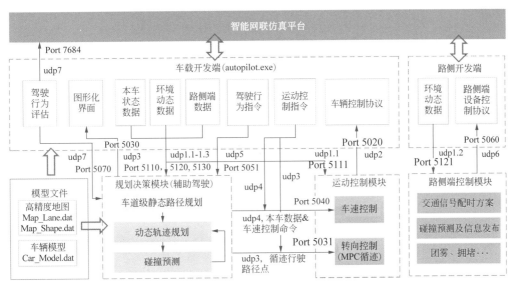

图 10.8　平台架构

本平台主要包括 7 个协议,分别为本车信号及环境感知协议(udp1)、车辆控制协议(udp2)、循迹行驶路径点协议(udp3)、车速控制指令(udp4)、驾驶行为指令(udp5)、交通信号配时协议(udp6)和驾驶行为评估协议(udp7)。

1. 车载开发端

车载开发端主要由图形化界面和一系列协议组成。

图形化界面显示车道及箭头属性、道路分界线、人行横道线、黄色网格线,在路口车道停车线上显示信号灯状态,显示车辆循迹轨迹点等。

车载开发端包括的协议如下:

- 本车状态数据协议(udp1.1)：本车操作信号、车辆运动状态(俯仰角和横滚角)。
- 环境动态数据协议(udp1.2)：半径为 X 的圆＋前向边长为 Y 的矩形(单位均为米)范围内的机动车、非机动车、行人的运动状态数据。
- 路侧端数据协议(udp1.3)：前方路口信号灯状态、交通标志(限速标志、禁行标志)、交通事件(拥堵、事故、施工、雨雾等)。
- 车辆控制协议(udp2)：具体参见 10.3 节。
- 循迹行驶路径点协议(udp3)：具体参见 10.3 节。
- 车速控制指令(udp4)：具体参见 10.3 节。
- 驾驶行为指令(udp5)：具体参见 10.3 节。
- 交通信号配时协议(udp6)：具体参见 10.3 节。
- 驾驶行为评估协议(udp7)：具体参见 10.3 节。

2. 路侧开发端

路侧开发端由环境动态数据和路侧端设备控制协议组成,其通信协议分别为 udp1.2 和 udp6。

3. 模型文件

模型文件由高精度地图和车辆模型组成。

高精度地图中车道和分道线(文件名为 Map_Lane.dat)的数据结构如图 10.9 所示。

```
type
  TLaneFileRec = Packed record
      PtGroupIdx: Integer;      //（对外无意义）对应的某一排关联点的编号，从0开始
      PtGroupIdx1: Byte;        //（对外无意义）本排关联点中第几个点（也可理解为一排关联点的顺序号），从0开始
      LaneNox: Byte;            //车道编号，从0开始
      Point1x: Integer;         //车道右边线开始点
      Point1y: Integer;
      Point2x: Integer;         //车道右边线结束点
      Point2y: Integer;
      Point3x: Integer;         //车道左边线开始点
      Point3y: Integer;
      Point4x: Integer;         //车道左边线结束点
      Point4y: Integer;
      Pointmx: Integer;         //车道右边线的圆弧中点，（0，0）表示右边线是直线
      Pointmy: Integer;
      Pointnx: Integer;         //车道左边线的圆弧中点，（0，0）表示左边线是直线
      Pointny: Integer;
      Left_Lane: Byte;          //车道左边线的类型
      Right_Lane: Byte;         //车道右边线的类型
      Lane_Door: Byte;          //本车道进口/出口线属性。第0位-进口是起始线，第1位-出口是停车线，
                                //第2位-进口是待转区衔接，第3位-出口是待转区衔接
      Lane_ForkNo1: Integer;    //若当前车道的进口线是起始线，则保存路口信息，十位是路口号，个位是方向号
      Lane_ForkNo2: Integer;    //若当前车道的出口线是停车线，则保存路口信息，十位是路口号，个位是方向号
      Lane_Attr: Byte;          //地面标志属性，0~4位分别为不可右转、不可直行、不可左转、不可掉头、公交车道，5~7位预留
      Lane_Dir: Byte;           //可行驶方向属性，第0位表示掉头，其余7位中相应的位为0时为可选择的行驶方向
end;
```

图 10.9   高精度地图中车道和分道线的数据结构

高精度地图中地面区域形状(包括人行横道线、黄色网格线、路口区域等,文件名为 Map_Shape.dat)的数据结构如图 10.10 所示。

车辆模型(文件名为 Car_Model.dat)的数据结构如图 10.11 所示。

```
type
  TShapeFileRec = Packed record
    ShapeNo: Integer;
    ShapeTp: Integer;        //类型。1-人行横道线，2-网格线禁停区，3-路口区域，10-线段
    PtCnt: Byte;             //点的数量，不超过6
    x1: Integer;             //6个点的坐标
    y1: Integer;
    x2: Integer;
    y2: Integer;
    x3: Integer;
    y3: Integer;
    x4: Integer;
    y4: Integer;
    x5: Integer;
    y5: Integer;
    x6: Integer;
    y6: Integer;
    Tag1: Integer;           //车道右边线结束点
    Tag2: Integer;           //保留
  end;
```

图 10.10　高精度地图中地面区域形状的数据结构

```
{BodyF的定义
    0-车身外廓左前点与模型中心点（0，0）的相对坐标，单位mm
    1-车身外廓右前点与模型中心点（0，0）的相对坐标，单位mm
    2-车身外廓左后点与模型中心点（0，0）的相对坐标，单位mm
    3-车身外廓右后点与模型中心点（0，0）的相对坐标，单位mm
    4-左前轮外侧触地点与模型中心点（0，0）的相对坐标，单位mm
    5-右前轮外侧触地点与模型中心点（0，0）的相对坐标，单位mm
    6-左后轮外侧触地点与模型中心点（0，0）的相对坐标，单位mm
    7-右后轮外侧触地点与模型中心点（0，0）的相对坐标，单位mm}
type
  TCarFileRec = Packed record
    CarCode: word;
    CarTp: Byte;                    //类型。1-轿车，2-客车，3-货车，4-牵引车，5-二轮车，6-三轮车
    BodyF: array [0..7] of TPoint;  //车身
    BodyB: array [0..7] of TPoint;  //牵引车后车身，无前轮触地点
    H: word;                        //车辆高度
    FW_Angle: Single;               //前轮最大转向角
    Dt: array [0..99] of Byte;      //保留
  end;
```

图 10.11　车辆模型的数据结构

4. 规划决策模块

规划决策模块目前主要包括车道级静态路径规划、动态轨迹规划和碰撞预测，用于实现当前车辆的自动驾驶功能。读者也可以自行设计更多的自动驾驶功能。规划决策模块可读取模型文件，接收 udp1 输出的本车信号和环境感知数据以及 udp5 输出的驾驶行为控制指令，通过 udp4 输出本车数据和车速控制指令，通过 udp3 输出循迹行驶路径点。

5. 运动控制模块

运动控制模块目前包括车速控制和转向控制，即横向控制和纵向控制。该模块接收 udp4 输出的本车数据和车速控制指令以及 udp3 输出的循迹行驶路径点，通过 udp2 输出车辆控制指令。

6. 路侧端控制模块

路侧端控制模块包括交通信号配时方案、碰撞预测及信息发布、团雾、拥堵等信息。

◈ 10.3 平台数据结构定义

10.3.1 本车数据协议

本车数据协议包括操纵部件状态(方向盘位置、方向盘转速、油门、刹车、离合、挡位、开关量信号1、开关量信号2、开关量信号3)和本车状态(协议版本号、时间戳、当前速度等)。

表10.1给出了操纵部件状态,表10.2给出了挡位值,表10.3给出了开关量信号,表10.4给出了本车状态。

表 10.1 操纵部件状态

序号	名　称	C 语言数据类型	说　明
1	方向盘位置	short	左打死减1000,右打死加1000
2	方向盘转速	word	对车辆进行控制时有效,每20ms转动 X 个千分之一*
3	油门	byte	0～255
4	刹车	byte	0～255
5	离合	byte	0～255
6	挡位	byte	如表10.2所示
7	开关量信号1	unsigned char	
8	开关量信号2	unsigned char	如表10.3所示
9	开关量信号3	unsigned char	

* 千分之一是指方向盘打满角度的1/1000。

表 10.2 挡位值

挡位值(个位)	手　动　挡	自　动　挡	自动/手动(十位)
0	空挡	N挡	
1	1挡	S挡	
2	2挡	D挡	
3	3挡	P挡	0为自动挡
4	4挡		1为手动挡
5	5挡		
9	倒挡	R挡	

表 10.3 开关量信号

位　号	开关量信号1	开关量信号2	开关量信号3
7	门开关	左后视镜	上调节
6	雾灯开关	喇叭	下调节

位　　号	开关量信号 1	开关量信号 2	开关量信号 3
5	安全带	位置灯	左调节
4	驻车制动	远光灯	右调节
3	雨刮，快速	近光灯	备用
2	危险报警	点火 ST	右后视镜
1	右转向灯	点火 ON	雨刮，慢速
0	左转向灯	点火 ACC	雨刮，中速

表 10.4　本车状态

序号	内　　容	C 语言数据类型	说　　明
1	协议版本号	byte	为 1
2	时间戳	dword	单位：毫秒
3	目标类型	word	0 为其他，1 为机动车，2 为两轮，3 为三轮，4 为人
4	X	int	单位：毫米
5	Y	int	
6	Z	int	
7	AngleX	word	单位：0.01 度
8	AngleY	word	
9	AngleZ	word	
10	当前速度	word	单位：0.01km/h
11	发动机转速	word	单位：rpm
12	操纵部件状态		

10.3.2　环境动态数据

　　环境动态数据包括单个环境动态目标(协议版本号、全局 ID、目标类型、当前速度等)和所有环境动态目标(版本号、时间戳、目标数、内容体)。

　　表 10.5 给出了单个环境动态目标，表 10.6 给出了所有环境动态目标。

表 10.5　单个环境动态目标

序号	内　　容	C 语言数据类型	说　　明
1	协议版本号	byte	为 1
2	全局 ID	word	
3	目标类型	word	0 为其他，1 为机动车，2 为两轮，3 为三轮，4 为人

续表

序号	内 容	C 语言数据类型	说 明
4	X	int	单位：毫米
5	Y	int	
6	Z	int	
7	AngleZ	word	单位：0.01°
8	当前速度	word	单位：0.01km/h
9	L	word	单位：毫米
10	W	word	
11	H	word	
12	保留(2B)		预留方向灯、刹车等

表 10.6　所有环境动态目标

序号	内 容	C 语言数据类型	说 明
1	版本号	byte	为 1
2	时间戳	dword	单位：毫秒
3	目标数	byte	不超过 200 个
4	内容体	可变长	每个目标的信息占 29B

10.3.3　路测数据

路测数据包括单个路测数据的头(版本号、类型、定位坐标 X、定位坐标 Y、设备 ID)、单个路测数据(数据头、数据体)、单个路口单方向交通信号灯状态(方向 ID、灯状态、倒计时 0～7)、道路属性(最低限速和最高限速)、交通事件(车速限制)、所有路侧信息(版本号、时间戳、事件数、内容体)。

表 10.7 给出了单个路测数据的头，表 10.8 给出了单个路测数据，表 10.9 给出了单个路口单方向交通信号灯状态，表 10.10 给出了道路属性，表 10.11 给出了交通事件，表 10.12 给出了所有路测信息。

表 10.7　单个路测数据的头

序号	内 容	C 语言数据类型	说 明
1	版本号	byte	为 1
2	类型	byte	为 1
3	定位坐标 X	int	
4	定位坐标 Y	int	
5	设备 ID	word	全局

表 10.8　单个路测数据

序号	内　容	C 语言数据类型	说　明
1	数据头(12B)		
2	数据体(12B)		

表 10.9　单个路口单方向交通信号灯状态

序号	内　容	C 语言数据类型	说　明
1	方向 ID	byte	
2	灯状态	word	
3	倒计时 0	byte	掉头倒计时(单位:秒)
4	倒计时 1	byte	出口 1 的倒计时(单位:秒)
5	倒计时 2	byte	出口 2 的倒计时(单位:秒)
6	倒计时 3	byte	出口 3 的倒计时(单位:秒)
7	倒计时 4	byte	出口 4 的倒计时(单位:秒)
8	倒计时 5	byte	出口 5 的倒计时(单位:秒)
9	倒计时 6	byte	出口 6 的倒计时(单位:秒)
10	倒计时 7	byte	出口 7 的倒计时(单位:秒)
11	保留(1B)		

在表 10.9 中,灯状态的表示方式如下。第 0、1 位表示掉头,第 2、3 位表示出口 1,第 4、5 位表示出口 2,第 6、7 位表示出口 3,第 8、9 位表示出口 4,第 10、11 位表示出口 5,第 12、13 位表示出口 6,第 14、15 位表示出口 7。每两位的 4 个取值的含义为:0 表示无,1 表示绿灯,2 表示红灯,3 表示黄灯。

表 10.10　道路属性

序　号	内　容	C 语言数据类型	说　明
1	最低限速	byte	单位:km/h
2	最高限速	byte	单位:km/h
3	保留(10B)		

表 10.11　交通事件

序　号	内　容	C 语言数据类型	说　明
1	车速限制	byte	单位:km/h
2	保留(11B)		

表 10.12   所有路测信息

序　号	内　容	C 语言数据类型	说　明
1	版本号	byte	为 1
2	时间戳	dword	单位：毫秒
3	事件数	byte	不超过 255
4	内容体	可变长	每个事件的信息占 24B

10.3.4   车辆控制协议

车辆控制协议包括版本号、时间戳、操纵部件状态。表 10.13 给出了车辆控制协议。

表 10.13   车辆控制协议

序　号	内　容	C 语言数据类型	说　明
1	版本号	byte	为 1
2	时间戳	dword	单位：毫秒
3	操纵部件状态(10B)		

10.3.5   循迹行驶路径点协议

循迹行驶路径点协议包括版本号、时间戳、点数、X 和 Y。表 10.14 给出了循迹行驶路径点协议。

表 10.14   循迹行驶路径点协议

序　号	内　容	C 语言数据类型	说　明
1	版本号	byte	为 1
2	时间戳	dword	单位：毫秒
3	点数	byte	不超过 255
4	X	int	单位：毫米
5	Y	int	

10.3.6   车速控制指令

车速控制指令包括版本号、时间戳、设定车速、设定时间、设定距离。表 10.15 给出了车速控制指令。

表 10.15   车速控制指令

序号	内　容	C 语言数据类型	说　明
1	版本号	byte	为 1
2	时间戳	dword	单位：毫秒

续表

序号	内　　容	C 语言数据类型	说　　明
3	设定车速	byte	单位：km/h。当设定车速为 0 时表示停车
4	设定时间	word	单位：毫秒。0 表示无效
5	设定距离	word	单位：厘米。0 表示无效

10.3.7　驾驶行为评估协议

驾驶行为评估协议包括头标志、本次扣分序号、扣分数、项目编号、评判条目等。表 10.16 给出了驾驶行为评估协议，表 10.17 给出了评判条目。

表 10.16　驾驶行为评估协议

序　　号	内　　容	C 语言数据类型	说　　明
1	头标志	2 * byte	协议版本号
2	保留	byte	为 0
3	本次扣分序号	word	不小于 1
4	扣分值	byte	0～100,0 为未扣分
5	项目编号	word	1 为通用评判 2 为通过人行横道线 3 为通过路口 4 为变更车道 5 为超车 6 为会车 7 为掉头 8 为礼让校车
6	评判条目	word	

表 10.17　评判条目

序　　号	内　　容	C 语言数据类型	说　　明
1	项目编号	word	
2	扣分编号	word	
3	扣分原因（中文）	char(200)	
4	扣分值	byte	
5	只扣一次标志	byte	1 表示有效
6	该扣分是否有效	byte	1 表示有效

本平台是开放架构，有兴趣的读者可以自定义所需的数据结构，如交通信号控制协议、驾驶行为命令协议等。

◈ 10.4 环 境 搭 建

10.4.1 运行环境搭建

在车端运行环境搭建前,先启动服务器端的仿真平台服务,服务器端会自动加载智能网联场景所需的组件,并最终生成三维可视化场景,如图 10.12 所示。

图 10.12 三维可视化场景

本书的车端硬件配置如下:
- CPU:i5-10400。
- 内存:16GB。
- 硬盘:512GB SSD。
- 操作系统:Windows10 64 位。

在本书提供的车端软件文件夹中双击 autopilot.exe,打开车端开发平台,如图 10.13 所示。

名称	修改日期	类型	大小
AutoPilot	2020/12/16 14:43	文件夹	
autopilot	2020/12/15 14:01	应用程序	13,376 KB
libgcc_s_seh-1.dll	2020/7/24 15:41	应用程序扩展	80 KB
libgfortran-4.dll	2018/3/19 23:14	应用程序扩展	1,760 KB
libmpc.dll	2020/8/20 13:54	应用程序扩展	9,269 KB
libmpc0.dll	2020/8/20 13:54	应用程序扩展	9,269 KB
libquadmath-0.dll	2020/7/24 15:41	应用程序扩展	373 KB
libstdc++-6.dll	2020/7/24 15:41	应用程序扩展	1,712 KB
libwinpthread-1.dll	2018/3/19 23:14	应用程序扩展	51 KB
MapEdit	2020/12/12 17:08	应用程序	19,451 KB

图 10.13 车端软件文件夹

选择仿真平台所在的 IP 地址（地址列表在 AutoPilot 文件夹下的 IPList.txt 中配置），填写要连接的车辆的编号，单击"连接平台"按钮，连接到仿真平台。连接成功后，界面中会显示高精度地图、本车模型及其他相关信息，如图 10.14 所示。

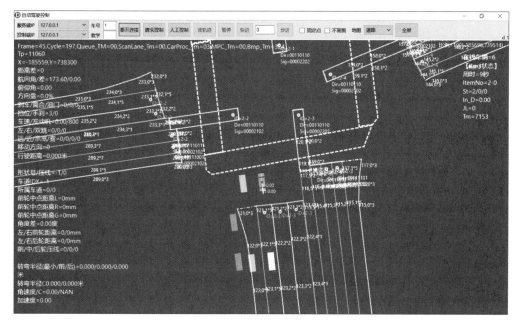

图 10.14　自动驾驶控制

至此，仿真平台车端与服务器端就建立了通信连接，可以单击"人工控制"按钮对当前车端的车辆进行相应的控制测试，如图 10.15 所示。

图 10.15　车辆控制测试界面

如果需要对高精度地图和车辆模型进行编辑，可以在本书提供的车端软件文件夹中双击 MapEdit.exe，打开高精度地图编辑器，可对高精度地图和车辆模型进行编辑和参数设置，如图 10.16 和图 10.17 所示。

10.4.2　开发环境搭建

开发环境需要安装 Qt。以下安装步骤以运行在 Windows 10 系统中的 Qt 5.14.2 版本为例，在安装前要从官网下载相应的 Qt 软件。具体安装步骤如下：

（1）双击 qt-opensource-windows-x86-5.14.2，单击 Next 按钮，在 Qt 账户登录界面输入 Email（作为用户名）和密码，单击 Next 按钮，如图 10.18 所示。

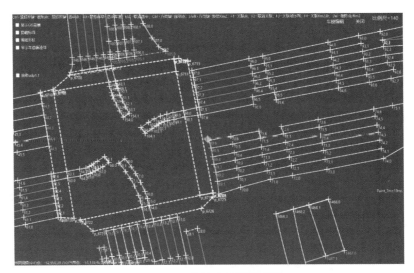

图 10.16　高精度地图编辑器

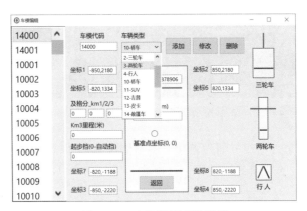

图 10.17　车辆模型参数设置

图 10.18　安装 Qt 步骤 1

（2）选择 Qt 程序安装文件夹，单击"下一步"按钮，如图 10.19 所示。

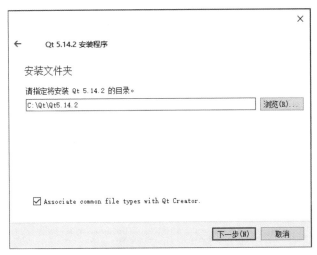

图 10.19　安装 Qt 步骤 2

（3）根据系统选择组件（实例为 Windows 10 64 位系统），单击"下一步"按钮，如图 10.20 所示。

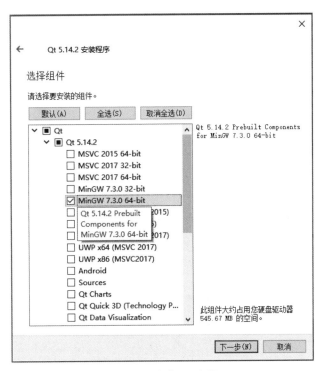

图 10.20　安装 Qt 步骤 3

（4）同意许可协议，单击"下一步"按钮开始安装 Qt，直到安装完成，如图 10.21 所示。至此，车端的开发环境搭建完成。

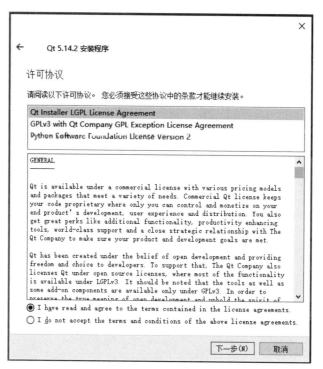

图 10.21　安装 Qt 步骤 4

⬙ 10.5　开　发　指　导

10.5.1　高精度地图

高精度地图开发主要包含两部分内容：一是对高精度地图模型文件的结构进行描述,然后读取模型文件并解析地图数据;二是使用 API 绘制地图,对模型文件及解析结果进行验证。具体的开发步骤如下:

首先,使用 QT 新建一个项目。打开 Qt Creator,新建项目,在 Application 右侧的选项列表中选择 Qt Widgets Application,然后按照提示操作,如图 10.22 所示。

然后,加载高精度地图模型文件,包括车道模型(Map_Lane.dat)、区域模型(Map_Shape.dat)和车辆模型(Car_Model.dat)。新建一个名为 model.h 的头文件,根据平台数据结构协议,以 C 语言 POD 结构体形式声明相应的数据结构,并关闭字节对齐。

（1）点：

```
#pragma pack(1)
typedef struct {
    int32_t x;        //毫米
    int32_t y;        //毫米
} point_t;
#pragma pack()
```

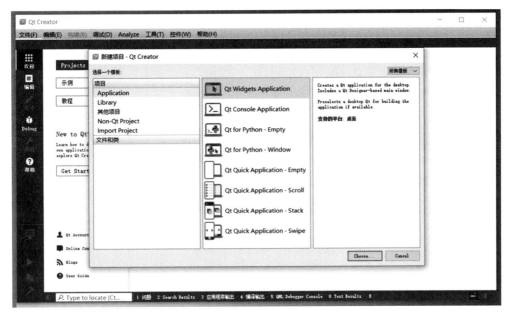

图 10.22　新建项目

（2）车道单元：

```
#pragma pack(1)
typedef struct {
    //内部数据
    int32_t internal1;
    //内部数据
    int8_t internal2;
    //车道编号,从 0 开始
    int8_t lane_no;
    //车道右边线开始点
    point_t right_start;
    //车道右边线结束点
    point_t right_end;
    //车道左边线开始点
    point_t left_start;
    //车道左边线结束点
    point_t left_end;
    //车道右边线的圆弧中点,(0, 0)表示右边线是直线
    point_t right_arc;
    //车道左边线的圆弧中点,(0, 0)表示左边线是直线
    point_t left_arc;
    //车道左边线的类型
    uint8_t left_type;
    //车道右边线的类型
```

```
        uint8_t right_type;
        //本车道的进口/出口线的属性
        uint8_t door_type;
        //路口编号,十位是路口号,个位是方向号
        //若当前车道的进口线是起始线,则保存路口信息
        int32_t fork_no1;
        //路口编号,十位是路口号/个位是方向号
        //若当前车道的出口线是停车线,则保存路口信息
        int32_t fork_no2;
        //地面标志属性
        uint8_t attr;
        //可行驶方向
        uint8_t direction;
} lane_t;
#pragma pack()
```

（3）地面区域形状：

```
#pragma pack(1)
typedef struct {
    int32_t id;
    int8_t type;        //类型,1为人行横道线,2为网格线禁停区,3为路口区域,10为线段
    int8_t points;      //点的数量不超过 6
    point_t p1;
    point_t p2;
    point_t p3;
    point_t p4;
    point_t p5;
    point_t p6;
    int32_t tag1;       //当 type=3 时,用于保存路口编号
    int32_t tag2;       //保留
} shape_t;
#pragma pack()
```

（4）车辆：

```
#pragma pack(1)
typedef struct {
    uint16_t code;
    int8_t type;   //类型,1为轿车,2为客车,3为货车,4为牵引车,5为二轮车,6为三轮车
    point_t body_f[8];      //车身的 8 个点与模型中心点的相对坐标,单位为毫米
    point_t body_b[8];      //牵引车后车身的 8 个点与模型中心点的相对坐标,单位为毫米
    uint16_t height;        //车辆高度
    float angle_f;          //前轮最大转向角
```

```
    int8_t dt[100];              //保留
} car_t;
#pragma pack()
```

在 MainWindow 中声明存储模型数据的容器：

```
std::vector<car_t> cars_;
std::vector<lane_t> lanes_;
std::vector<shape_t> shapes_;
```

在构造函数中，分别打开相应的模型文件，读取数据并保存到容器中：

```
std::ifstream car_model("./res/model/Car_Model.dat", std::ios::binary);
if (car_model.is_open()) {
    car_t car;
    while (car_model.read(reinterpret_cast<char *>(&car), sizeof car)) {
        cars_.push_back(car);
    }
}
std::ifstream shape_model("./res/model/Map_shape.dat", std::ios::binary);
if (shape_model.is_open()) {
    shape_t shape;
    while (shape_model.read(reinterpret_cast<char *>(&shape), sizeof
shape) {
        shapes_.push_back(shape);
    }
}
std::ifstream lane_model("./res/model/Map_lane.dat", std::ios::binary);
if (lane_model.is_open()) {
    lane_t lane;
    while (lane_model.read(reinterpret_cast<char *>(&lane), sizeof lane)) {
        lanes_.push_back(lane);
    }
}
```

最后，绘制高精度地图。

新建一个名为 MapWidget 的类，继承自 QWidget 类。切换到项目的设计模式，将一个 Widget 拖曳到 MainWindow 中，然后设置位置和大小，如图 10.23 所示。

右击该 Widget，在弹出的快捷菜单中选择"提升为"命令，如图 10.24 所示。

在"提升的类名称"文本框中输入 MapWidget，然后单击"添加"按钮，再单击"提升"按钮，如图 10.25 所示。

此时该 Widget 已与 MapWidget 关联起来。

重载 MapWidget 的 paintEvent 成员函数，创建 QPainter：

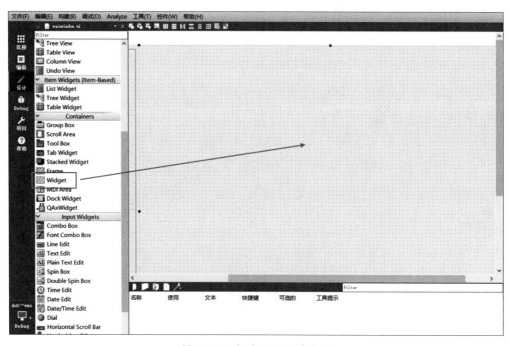

图 10.23　新建 Widget 步骤 1

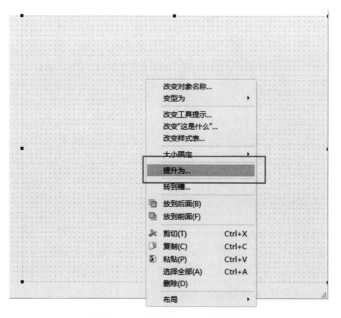

图 10.24　新建 Widget 步骤 2

图 10.25　新建 Widget 步骤 3

```
void MapWidget::paintEvent(QPaintEvent * / * event * /) {
    //绘制地图
    QPainter painter(this);
    painter.setRenderHint(QPainter::Antialiasing);
    painter.setRenderHint(QPainter::TextAntialiasing);
    ...
}
```

要绘制地图,需要进行地图坐标系与窗口坐标系的转换。首先定义转换所需的变量:

```
//位移
QPoint offset_;
//缩放
float scale_{50};
```

窗口坐标系原点在左上角,x 轴向右、y 轴向下为正,单位为像素;而地图的 y 轴向上为正,单位为毫米,因此将缩放的默认值设为 50。然后在 paintEvent 函数中根据缩放比例、位移及窗口大小求得变换矩阵:

```
QTransform transform;
transform.translate(width() / 2, height() / 2);
transform.scale(1 / scale_, -1 / scale_);
transform.translate(offset_.x(), offset_.y());
```

绘制车道：

```
QPen pen;
pen.setWidth(2);
pen.setColor(Qt::black);
painter.setPen(pen);
for (std::size_t i = 0; i < lanes_.size(); i++) {
    auto &lane = lanes_[i];
    QPoint left_start = transform.map(QPoint(lane.left_start.x, lane.left_
start.y));
    QPoint left_end = transform.map(QPoint(lane.left_end.x, lane.left_end.
y));
    QPoint right_start = transform.map(QPoint(lane.right_start.x, lane.right_
start.y));
    QPoint right_end = transform.map(QPoint(lane.right_end.x, lane.right_
end.y));
    if (lane.left_arc.x == 0 && lane.left_arc.y == 0) {
        //直线
        painter.drawLine(left_start, left_end);
    } else {
        //弧线
        QPoint left_arc = transform.map(QPoint(lane.left_arc.x, lane.left_
arc.y));
        drawArc(painter, left_start, left_arc, left_end);
    }
    if (lane.right_arc.x == 0 && lane.right_arc.y == 0) {
        //直线
        painter.drawLine(right_start, right_end);
    } else {
        //弧线
        QPoint right_arc = transform.map(QPoint(lane.right_arc.x, lane.right_
arc.y));
        drawArc(painter, right_start, right_arc, right_end);
    }
    if (lane.door_type & LANE_DOORTYPE_ENTRANCE_MASK) {
        painter.drawLine(right_start, left_start);
    }
    if (lane.door_type & LANE_DOORTYPE_EXIT_MASK) {
        painter.drawLine(right_end, left_end);
    }
}
```

其中，绘制弧线函数的实现如下：

```cpp
void drawArc(QPainter& painter, QPoint p1, QPoint p2, QPoint p3) {
    double a, b, e;
    double x, y, r;
    a = (p1.x() + p2.x()) * (p1.x() - p2.x()) + (p1.y() + p2.y()) * (p1.y() -
p2.y());
    b = (p3.x() + p2.x()) * (p3.x() - p2.x()) + (p3.y() + p2.y()) * (p3.y() -
p2.y());
    e = (p1.x() - p2.x()) * (p3.y() - p2.y()) - (p2.x() - p3.x()) * (p2.y() -
p1.y());
    x = (a * (p3.y() - p2.y()) + b * (p2.y() - p1.y())) / (2  * e);
    y = (a * (p2.x() - p3.x()) + b * (p1.x() - p2.x())) / (2  * e);
    r = sqrt((p2.x() - x) * (p2.x() - x) + (p2.y() - y) * (p2.y() - y));
    double OA = atan2(-p1.y() + y, p1.x() - x) * (180 / atan2(0, -1));
    double OC = atan2(-p3.y() + y, p3.x() - x) * (180 / atan2(0, -1));
    double OB = atan2(-p2.y() + y, p2.x() - x) * (180 / atan2(0, -1));
    double delta113;
    if(OA < OC) {
        delta113 = OC - OA;
    } else {
        delta113 = OC - OA + 360;
    }
    double delta12;
    if ( OA < OB ) {
        delta12  = OB - OA;
    } else {
        delta12  = OB - OA + 360;
    }
    double startAngle, spanAngel;
    if (delta113 > delta12) {
        if (OC > OA) {
            startAngle = OA;
            spanAngel = OC - OA;
        } else {
            startAngle = OA;
            spanAngel = OC - OA + 360;
        }
    } else {
        if (OA > OC) {
            startAngle = OC;
            spanAngel = OA - OC;
        } else {
            startAngle = OC;
            spanAngel = OA - OC + 360;
        }
    }
    painter. drawArc (QRect (QPoint (x - r, y - r), QPoint (x + r, y + r)),
startAngle * 16, spanAngel * 16);
}
```

绘制区域形状的代码如下：

```
QPen pen;
pen.setWidth(2);
pen.setColor(Qt::black);
pen.setStyle(Qt::DashLine);
painter.setPen(pen);
for (auto &shape : shapes_) {
    QPoint points[] = { transform.map(QPoint(shape.p1.x, shape.p1.y)),
                        transform.map(QPoint(shape.p2.x, shape.p2.y)),
                        transform.map(QPoint(shape.p3.x, shape.p3.y)),
                        transform.map(QPoint(shape.p4.x, shape.p4.y)),
                        transform.map(QPoint(shape.p5.x, shape.p5.y)),
                        transform.map(QPoint(shape.p6.x, shape.p6.y)) };
    painter.drawPolygon(points, shape.points);
}
```

同样重载鼠标移动、滚轮等事件函数，以实现缩放、拖移功能。以缩放为例，其代码如下：

```
//缩放，默认以窗口中心点为基点
void MapWidget::wheelEvent(QWheelEvent * event)
{
    int deltaY = event->angleDelta().y();
    if (deltaY < 0) {
        scale_ *= 1.1;
        scale_ = std::min(scale_, 10000.0f);
    } else if (deltaY > 0) {
        scale_ /= 1.1;
        scale_ = std::max(scale_, 1.0f);
    }
    this->update();
}
```

至此，高精度地图开发完毕，感兴趣的读者请自行实践。

10.5.2 本车状态数据

根据本车状态数据的通信协议定义相应的数据结构，接收并解析车端开发平台发送的本车状态数据。具体步骤如下。

首先，新建一个 QT 项目，在项目中新建一个名为 message.h 的头文件，根据以上协议定义相应的结构体。

（1）操纵部件状态：

```
#pragma pack(1)
typedef struct {
    //左打死减 1000,右打死加 1000
    int16_t wheel_angle;
    //对车辆进行控制时有效,每 20ms 转动 X 个千分之一
    int16_t wheel_speed;
    //油门,0~255
    uint8_t throttle;
    //刹车,0~255
    uint8_t brake;
    //离合,0~255
    uint8_t clutch;
    //挡位, 个位为挡位值,十位用于区分自动和手动
    uint8_t gear;
    //0~7bit: 左转向灯/右转向灯/危险报警/雨刮(快速)/驻车制动/安全带/雾灯开关/门
    //开关
    uint8_t flags1;
    //0~7bit: 点火 ACC/点火 ON/点火 ST/近光灯/远光灯/位置灯/喇叭/左后视镜
    uint8_t flags2;
    //0~7bit: 雨刮(中速)/雨刮(慢速)/右后视镜/备用/右调节/左调节/下调节/上调节
    uint8_t flags3;
} car_unit_status_t;
#pragma pack()
```

（2）本车状态:

```
#pragma pack(1)
typedef struct {
    //协议版本号
    int8_t version;
    //时间戳,单位: 毫秒
    uint32_t timestamp;
    //类型
    uint16_t type;
    //位置,单位:毫米
    int32_t x;
    int32_t y;
    int32_t z;
    //角度,单位:0.01°
    uint16_t angle_x;
    uint16_t angle_y;
    uint16_t angle_z;
    //车速,单位:0.01km/h
    uint16_t speed;
```

```
    //发动机转速,单位:rpm
    uint16_t engine_speed;
    //操纵部件状态
    car_unit_status_t unit_status;
} car_status_t;
#pragma pack()
```

然后,在 MainWindow 中,定义类型为 car_status_t 的成员变量,以存储本车当前状态:

```
car_status_t cur_car_status_{};
```

创建 UDP 通信对象,用于接收本车状态消息:

```
QUdpSocket car_status_receiver_;
```

在 MainWindow 的构造函数中,将 UDP 通信对象绑定到 5110 端口,并设置消息响应函数:

```
car_status_receiver_.bind(QHostAddress::LocalHost, 5110);
connect(&car_status_receiver_, &QUdpSocket::readyRead, this, &MainWindow::
receiveCarStatus);
```

在响应函数中,读取 UDP 报文,解析并保存:

```
void MainWindow::receiveCarStatus()
{
    while (car_status_receiver_.hasPendingDatagrams()) {
        QNetworkDatagram datagram = car_status_receiver_.receiveDatagram();
        QByteArray data = datagram.data();
        if (data.size() > 0) {
            car_status_t * status = (car_status_t *)data.data();
            cur_car_status_ = * status;
        }
    }
}
```

最后,运行项目,进行代码调试,并验证接收的本车状态数据。

10.5.3　车辆控制

根据平台数据结构描述车辆控制协议,组装并发送车辆控制消息。具体开发步骤如下:

首先,新建一个 QT 项目,在项目中新建一个名为 message.h 的头文件,根据以上协议定义相应的结构体如下:

```
//车辆控制
#pragma pack(1)
typedef struct {
    //协议版本号
    int8_t version;
    //时间戳,毫秒
    uint32_t timestamp;
    //操纵部件状态
    car_unit_status_t unit_status;
} car_control_t;
#pragma pack()
```

定义点火事件,在 MainWindow 中创建 UDP 通信对象:

```
QUdpSocket car_control_sender_;
```

切换到设计模式,在窗口中添加一个按钮,调整到合适的位置和大小,修改标题为"点火",然后右击该按钮,在弹出的快捷菜单中选择"转到槽"命令,选择 clicked(),单击 OK 按钮,这样就为该按钮创建了点火事件的响应函数,如图 10.26 所示。

图 10.26　创建点火事件的响应函数

在点火事件的响应函数中,设置点火状态:

```
QByteArray data(sizeof (car_control_t), Qt::Uninitialized);
car_control_t * control = (car_control_t *)data.data();
control->version = 1;
```

```
control->timestamp=<当前时间戳>
control->unit_status = cur_car_status_.unit_status;     //复制当前状态
control->unit_status.flags2  |= 1  << 1;                //点火 ON
control->unit_status.flags2  |= 1  << 2;                //点火 START
car_control_sender_.writeDatagram(data, QHostAddress("127.0.0.1"), 5020);
```

定义挡位相关的枚举值：

```
typedef enum {
    CAR_GEARTYPE_AUTOMATIC = 0,           //自动挡
    CAR_GEARTYPE_MANUAL = 1,              //手动挡
} Car_GearType;
typedef enum {
    //空挡
    CAR_GEARPOSITION_N = 0,
    //手动挡
    CAR_GEARPOSITION_1 = 1,
    CAR_GEARPOSITION_2 = 2,
    CAR_GEARPOSITION_3 = 3,
    CAR_GEARPOSITION_4 = 4,
    CAR_GEARPOSITION_5 = 5,
    //自动挡
    CAR_GEARPOSITION_S = 1,
    CAR_GEARPOSITION_D = 2,
    CAR_GEARPOSITION_P = 3,
    //倒挡
    CAR_GEARPOSITION_R = 9,
} Car_GearPosition;
```

添加"挡位"按钮，在响应函数中发送挡位控制消息，如自动挡的 D 挡：

```
QByteArray data(sizeof (car_control_t), Qt::Uninitialized);
car_control_t * control = (car_control_t * )data.data();
control->version = 1;
control->timestamp = <当前时间戳>
control->unit_status = cur_car_status_.unit_status;     //复制当前状态
control->unit_status.gear = CAR_GEARTYPE_AUTOMATIC * 10 + CAR_GEARPOSITION_D;
car_control_sender_.writeDatagram(data, QHostAddress("127.0.0.1"), 5020);
```

添加"方向盘"按钮，在响应函数中发送方向盘控制消息。转动方向盘需同时设置方向盘转动角度和转动速度，如向左转动 10%，每 20 毫秒转动 1%，该操作共执行 200ms：

```
QByteArray data(sizeof (car_control_t), Qt::Uninitialized);
car_control_t * control = (car_control_t * )data.data();
control->version = 1;
control->timestamp = <当前时间戳>
control->unit_status = cur_car_status_.unit_status;         //复制当前状态
```

```
control->unit_status.wheel_speed = 10;
control->unit_status.wheel_angle = std::max(cur_car_status_.unit_status.
wheel_angle -100, -1000);
car_control_sender_.writeDatagram(data, QHostAddress("127.0.0.1"), 5020);
```

添加"刹车"按钮,在响应函数中发送刹车控制消息:

```
QByteArray data(sizeof (car_control_t), Qt::Uninitialized);
car_control_t* control = (car_control_t*)data.data();
control->version = 1;
control->timestamp = <当前时间戳>
control->unit_status = cur_car_status_.unit_status;      //复制当前状态
control->unit_status.brake = 200;
control->unit_status.throttle = 0;
car_control_sender_.writeDatagram(data, QHostAddress("127.0.0.1"), 5020);
```

如果需要添加车辆的其他控制,操作方法同上。

最后,运行项目,单击"点火"等控制按钮,在车端开发平台中观察车辆状态,验证控制消息是否被正确执行。

◆ 10.6　实践与练习

10.6.1　驾驶行为评估

请根据驾驶行为评估数据的通信协议定义相应的数据结构,接收并解析车端开发平台发送的驾驶行为评估数据,并构建自己的驾驶行为评估模型,进行验证,如图 10.27 所示。

驾驶行
为评估

图 10.27　驾驶行为评估

10.6.2　仿真实现

　　首先,新建一个 QT 项目,在项目中新建一个名为 model.h 的头文件,根据平台数据结构协议定义相应的结构体如下:

```
#pragma pack(1)
typedef struct {
    //项目编号
    uint16_t category;
    //扣分编号
    uint16_t number;
    //扣分原因(UTF-16LE)
    char reason[200];
    //扣分值
    uint8_t value;
    //只扣一次标志
    uint8_t once;
    //该扣分是否有效
    uint8_t enable;
} mark_t;
#pragma pack()
```

　　其中,扣分原因为中文,编码格式为 UTF-16,通过如下代码转换为 QT 内部编码:

```
QString::fromUtf16((const char16_t *)mark.reason);
```

　　新建 message.h 头文件,根据表 10.16 定义评估信息的数据结构如下:

```
//驾驶行为评估
#pragma pack(1)
typedef struct {
    //协议版本号
    uint16_t version;
    //保留
    int8_t reserve;
    //本次扣分序号(不小于 1)
    uint16_t sequence;
    //扣分值,0~100
    uint8_t value;
    //项目编号
    uint16_t category;
    //扣分编号
    uint16_t number;
} score_t;
#pragma pack()
```

在 MainWindow 中声明存储评分表的容器：

```
std::vector<mark_t> mark_table_;
```

在构造函数中，读取驾驶行为评估项目表（Marks.dat）：

```
std::ifstream mark_table("/path/to/Marks.dat", std::ios::binary);
if (mark_table.is_open()) {
    mark_t mark;
    while (mark_table.read(reinterpret_cast<char *>(&mark), sizeof mark)) {
        mark_table_.push_back(mark);
    }
}
```

在 MainWindow 中创建 UDP 通信对象，用于接收本车状态消息：

```
QUdpSocket score_receiver_;
```

将 UDF 通信对象绑定到 5070 端口，并设置消息响应函数：

```
score_receiver_.bind(QHostAddress::LocalHost, 5070);
connect (&score_receiver_, &QUdpSocket::readyRead, this, &MainWindow::
receiveScore);
```

在响应函数中读取 UDP 报文，解析并复制报文数据：

```
void MainWindow::receiveScore() {
    while (score_receiver_.hasPendingDatagrams()) {
        QNetworkDatagram datagram = score_receiver_.receiveDatagram();
        QByteArray data = datagram.data();
        if (data.size() > 0) {
            score_t * score = (score_t *)data.data();
            for (auto& mark : mark_table_) {
                if(mark.category == score->category && mark.number ==
                    score->number) {
                    //TODO:打印扣分分值及原因
                    break;
                }
            }
        }
    }
}
```

读者可自行设计驾驶行为评估模型，加入项目中，调试代码并进行验证。驾驶行为评估结果如图 10.28 所示。

驾驶行为
评估结果

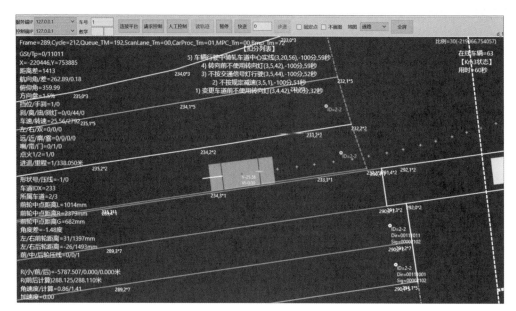

图 10.28　驾驶行为评估结果

重 要 术 语

CAN(Controller Area Network,控制器局域网)：国际标准化组织提出的串行通信协议。

DDT(Dynamic Driving Task,动态驾驶任务)：在道路上驾驶车辆需要进行的实时操作和决策行为,操作包括转向、加速和减速,决策包括路径规划等。

DDT Fallback(动态驾驶任务支援)：自动驾驶在设计时需考虑发生系统失效或者出现超出系统设计的使用范围的情况,当这些情况发生时,驾驶员或自动驾驶系统需做出最小化风险的解决响应。

GNSS(Global Navigation Satellite System,全球导航卫星系统)：泛指所有的卫星导航系统,包括全球的、区域的和增强的,如美国的 GPS、俄罗斯的 GLONASS、欧洲的 Galileo、中国的北斗以及相关的增强系统等,还涵盖在建和将要建设的其他卫星导航系统。

IATF 16949：IATF(International Automotive Task Force,国际汽车工作组)为了协调国际汽车质量系统规范而出台的汽车行业质量管理认证体系,已成为汽车行业的基础性标准。

IMU(Inertial Measurement Unit,惯性测量单元)：测量物体三轴姿态角(或角速率)以及加速度的装置。

INS(Inertial Navigation System,惯性导航系统)：以陀螺仪和加速度计为敏感器件的导航参数解算系统,该系统根据陀螺仪的输出建立导航坐标系,根据加速度计输出解算出运载体在导航坐标系中的速度和位置。

OBD(On-Board Diagnostics,车载诊断系统)：用于随时监控发动机的运行状况和尾气后处理系统的工作状态。该系统一旦发现有可能引起排放超标的情况,会马上发出警示。

ODD(Operational Design Domain,运行设计域)：对已知的天气环境、道路情况、车速、车流量等信息做出测定,给定自动驾驶系统具体的条件,以确保系统处于安全、适用的环境中。

OEDR(Object and Event Detection and Response,目标和事件检测与响应)：驾驶员或自动驾驶系统对突发情况的检测和响应。在自动驾驶模式下,系统负责 OEDR,应对可能影响安全操作的事物,并进行检测和响应。

SLAM(Simultaneous Localization And Mapping,即时定位与地图构建)：自动驾驶汽车在移动过程中根据位置估计和地图进行自身定位,同时在此基础上构建增量式地图,实现自主定位和导航。

T-box(Telematics box)：用于和后台系统/手机 App 通信,实现手机 App 的车辆信息显示与控制功能。

重要缩略语

AD　Autonomous Driving　自动驾驶

AI　Artificial Intelligence　人工智能

AOS　Automotive Operating System　车载操作系统

CV　Computer Vision　计算机视觉

CVIS　Cooperative Vehicle Infrastructure System　车路协同系统

ECU　Electronic Control Unit　电子控制单元

E/EA　Electrical/Electronic Architecture　电气/电子体系结构

ICV　Intelligent Connected Vehicle　智能网联汽车

LiDAR　Light Detection And Ranging　激光雷达

MaaS　Mobility as a Service　出行即服务

NLP　Natural Language Processing 自然语言处理

TSP　Telematics Service Provider　汽车远程服务提供商

V2X　Vehicle to Everything　车联网

VRU　Vulnerable Road User　弱势道路使用者

参 考 文 献

[1] 工业和信息化部. 道路车辆 先进驾驶辅助系统（ADAS）术语及定义要求：GB/T 39263—2020［S］. 国家市场监督管理总局，国家标准化管理委员会，2020.

[2] 工业和信息化部. 汽车驾驶自动化分级：GB/T 40429—2021［S］. 国家市场监督管理总局，国家标准化管理委员会，2020.

[3] Intelligent Transportation Systems Joint Program Office. Strategic Plan 2020—2025：FHWA-JPO-18-746［EB］. ITS JPO，2020.

[4] 工业和信息化部，交通运输部，国家标准化管理委员会. 国家车联网产业标准体系建设指南（智能交通相关）［R］. 工业和信息化部，交通运输部，国家标准化管理委员会，2017.

[5] SAE International. Taxonomy and Definitions for Terms Related to Driving Automation Systems for On-Road Motor Vehicles：SAE J3016［S］. SAE，2021.

[6] 节能与新能源汽车技术路线图战略咨询委员会，中国汽车工程学会. 节能与新能源汽车技术路线图［M］. 北京：机械工业出版社，2016.

[7] 中国汽车工程学会. 智能网联汽车技术路线图 2.0［M］. 北京：机械工业出版社，2020.

[8] European Road Transport Research Advisory Council. Connected Automated Driving Roadmap［R］. ERTRAC，2019.

[9] 中国智能网联汽车产业创新联盟. 车路云一体化融合控制系统白皮书［R］. 国家智能网联汽车创新中心，2020.

[10] Geiger A，Lauer M，Wojek C，et al. 3D Traffic Scene Understanding from Movable Platforms［J］. IEEE TPAMI，2014，36（5）：1012-1025.

[11] 中国汽车工程学会，北京航空航天大学，梆梆安全研究院. 智能网联汽车信息安全白皮书［R］. 中国汽车工程学会，北京航空航天大学，梆梆安全研究院，2016.

[12] 清华大学智能产业研究院，百度 Apollo. 面向自动驾驶的车路协同关键技术与展望［R］. 清华大学智能产业研究院，百度 Apollo，2021.

[13] 中国公路学会自动驾驶工作委员会. 车路协同自动驾驶发展报告［R］. 中国公路学会自动驾驶工作委员会，2019.

[14] 中国智能网联汽车产业创新联盟. 智能网联汽车产品测试评价白皮书［R］. 中国智能网联汽车产业创新联盟，2020.

[15] 中国智能网联汽车产业创新联盟. 智能网联汽车自动驾驶功能测试规程［R］. 中国智能网联汽车产业创新联盟，2018.